U0185728

国家科学技术学术著作出版基金资助出版

"十三五"国家重点出版物出版规划项目

智能机器人技术丛书

智能仿生鱼设计与关键技术

Design and Key Technologies for Intelligent Biomimetic Robotic Fish

谢广明　王伟　李亮　著

国防工业出版社

·北京·

内 容 简 介

本书以仿生机器鱼的研制为例,介绍了仿生鱼的系统设计、运动控制与优化、仿生侧线感知,水下电场通信与水下自主定位等仿生机器鱼研究的若干关键科学和工程问题。希望通过对这些关键问题的介绍,为相关领域的科研人员与机器人爱好者提供一个系统而全面的学习参考资料。

图书在版编目(CIP)数据

智能仿生鱼设计与关键技术 / 谢广明,王伟,李亮著. —北京:国防工业出版社,2020.8
(智能机器人技术丛书)
ISBN 978 – 7 – 118 – 11932 – 9

Ⅰ.①智… Ⅱ.①谢…②王…③李… Ⅲ.①仿生机器人 – 研究 Ⅳ.①TP242

中国版本图书馆 CIP 数据核字(2020)第 002886 号

※

国防工業出版社出版发行
(北京市海淀区紫竹院南路 23 号 邮政编码 100048)
北京龙世杰印刷有限公司印刷
新华书店经售

*

开本 710×1000 1/16 印张 13 字数 225 千字
2020 年 8 月第 1 版第 1 次印刷 印数 1—2000 册 定价 59.00 元

(本书如有印装错误,我社负责调换)

国防书店:(010)88540777 书店传真:(010)88540776
发行业务:(010)88540717 发行传真:(010)88540762

丛书编委会

主　任　李德毅

副主任　韩力群　黄心汉

委　员（按姓氏笔画排序）

马宏绪　王　敏　王田苗　王京涛　王耀南

付宜利　刘　宏　刘云辉　刘成良　刘景泰

孙立宁　孙富春　李贻斌　张　毅　陈卫东

陈　洁　赵　杰　贺汉根　徐　辉　黄　强

葛运建　葛树志　韩建达　谭　民　熊　蓉

丛 书 序

　　人类走过了农耕社会、工业社会、信息社会,已经进入智能社会,进入在动力工具基础上发展智能工具的新阶段。在农耕社会和工业社会,人类的生产主要基于物质和能量的动力工具,并得到了极大的发展。今天,劳动工具转向了基于数据、信息、知识、价值和智能的智力工具,人口红利、劳动力红利不那么灵了,智能的红利来了!

　　智能机器人作为人工智能技术的综合载体,是智力工具的典型代表,是人工智能技术得以施展其强大威力的最佳用武之地。智能机器人有三个基本要素:感知、认知和行动。这三个要素正是目前的机器人向智能机器人进化的关键所在。

　　智能机器人涉及到大量的人工智能技术:传感技术、模式识别、自然语言理解、机器学习、数据挖掘与知识发现、交互认知、记忆认知、知识工程、人工心理与人工情感……可以预见,这些技术的应用,将提升机器人的感知能力、自主决策能力,以及通过学习获取知识的能力,尤其是通过自学习提升智能的能力。智能机器人将不再是冷冰冰的钢铁侠,它们将善解人意、情感丰富、个性鲜明、行为举止得体。我们期待,随同"智能机器人技术丛书"的出版,更多的人将投入到智能机器人的研发、制造、运用、普及和发展中来!

　　在我们这个星球上,智能机器人给人类带来的影响将远远超过计算机和互联网在过去几十年间给世界带来的改变。人类的发展史,就是人类学会运用工具、制造工具和发明机器的历史,机器使人类变得更强大。科技从不停步,人类永不满足。今天,人类正在发明越来越多的机器人,智能手机可以成为你的忠实助手,轮式机器人也会比一般人开车开得更好,曾经的很多工作岗位将会被智能机器人替代,但同时又自然会涌现出更新的工作,人类将更加优雅、智慧地生活!

　　人类智能始终善于更好地调教和帮助机器人和人工智能,善于利用机器人和人工智能的优势并弥补机器人和人工智能的不足，或者用新的机器人淘汰旧的机器人；反过来，机器人也一定会让人类自身更智能。

现在，各式各样人机协同的机器人，为我们迎来了人与机器人共舞的新时代，伴随优雅的舞曲，毋庸置疑人类始终是领舞者！

李德毅　　2019.4

李德毅，中国工程院院士，中国人工智能学会理事长。

前　言

　　动物在亿万年的漫长进化过程中,逐步形成了各种奇异的构造、特殊的功能和有趣的习性。人们通过长期的观察和研究,从动物身上得到许许多多极其宝贵的启示,创造发明了性能优异的新型机械系统、仪器设备、建筑结构和工艺流程等,这就是师法自然的仿生学。仿生机器人的研制与应用,正成为仿生学的一个重要发展方向。

　　人类祖先看到鱼儿可以在水里游动,自由自在,就模拟鱼的胸鳍尾鳍发明了桨和橹。如今,随着相关科学技术的不断进步,我们有可能研制出像鱼一样的高度仿生的水下机器人。研制模仿鱼类生物的新型水下机器人,将会给人类海洋开发带来新的发展和技术突破。本书作者所在的研究团队,从事智能仿生机器鱼的研究已经十余载,在机器鱼设计与实现、仿生运动控制、仿生感知、水下通信、水下导航与定位等方向持续展开研究,积累了丰富的研究成果。

　　我们研发了多款水下仿生机器人,包括机器海豚、仿箱鲀机器鱼和可重构水下仿生机器人等,实现前进后退、左右转弯、上升下潜、左右横滚和前后滚翻等多种复杂运动模式,展现出了高机动性。2012 年,仿箱鲀机器鱼首次在北极试航,成功实现了机器鱼在北冰洋里畅游。设计研发了可重构水下仿生机器人,基于模块化的设计,通过模块之间不同组合连接方式实现多种结构和功能的水下机器人,如双尾鳍仿生机器人可以极大提高机器人的抗扰稳定性和设备负载能力。2014 年,可重构双尾鳍机器鱼携带水质传感器在南极首航,实现了平稳游动并实时获取水质数据。

　　仿生运动控制问题的核心就是如何模拟生物的各种节律运动过程。我们提出了一种由线性振子构成的中枢模式发生器(Central Pattern Generator, CPG)网络,通过该网络将高层控制指令转化为低层执行器可以执行的周期性信号,基此实现对生物节律运动的复现,成功地在多款仿生机器人样机上应用,实现了多种仿生运动模态。

　　我们提出一类面向机器鱼仿生推进特点的改进型串级 PID 姿态控制算法,实现了机器人航向角、俯仰角和翻滚角的独立同步控制。考虑机器鱼周期性摆动产生的信号扰动,在控制回路中引入卡尔曼(Kalman)滤波器进行平滑降噪。

该控制算法可较为快速、精确地跟踪参考输入为阶跃、方波和正弦波时的信号。

我们提出基于仿生侧线的水下机器人游动状态估计模型和邻居机器人状态估计模型,为水下机器人的感知交互提供了新思路。基于流体力学理论,运用多种数据处理算法,分析机器鱼运动参数与侧线数据之间的潜在联系,建立基于仿生侧线的机器鱼游动速度预测模型;分析邻居机器鱼状态与侧线数据之间的潜在联系,建立基于仿生侧线的邻居状态预测模型。

受自然界电鱼通信启发,我们提出一种面向水下机器人的新型通信方法——水下电场通信。对电鱼通信进行简化和建模,获得电场通信的关键参数,最终开发出仿生电场通信系统。水下电场通信是一种几乎全向的通信,其不受水质和水体运动的影响,而且对障碍物有很好的穿透力。

我们基于廉价的惯性测量单元(Inertial Measurement Unit,IMU)和摄像头提供的有限信息,基于蒙特卡罗定位方法框架,结合基于快速自动色彩均衡(Accelerated Automatic Color Equalization,AACE)技术的水下图像处理方法和广义卡尔曼滤波器,设计了一种针对水下环境的自主定位方法,该方法的定位精度达到分米级,位姿更新频率达到5Hz。

本书基于我们长期积累的研究成果,以仿箱鲀机器鱼的研制为例,系统介绍仿生运动控制、仿生侧线感知、水下电场通信与水下自主定位等仿生机器鱼相关的关键核心技术。通过对这些关键问题的介绍,希望促进我国在仿生机器人研究领域的发展和普及,并进一步促进我国机器人事业的高科技成果转换和实际应用。

本书乃一家之言,不足之处欢迎批评指正。

谢广明

北京大学中关园

目　录

第 1 章　绪　　论

第 2 章　仿生机器鱼运动学与动力学模型

第3章 仿箱鲀机器鱼

第4章 基于CPG模型的运动及姿态控制

第5章 仿生机器鱼运动自主优化

第6章 仿生侧线感知系统

第1章 绪 论

1.1 海洋战略和海洋工程

经过亿万年的自然选择,自然界生物已进化出可高度适应环境的神经系统、肌肉骨骼系统及传感系统。因此,这些广泛存在的生物一直以来都是人类各种技术思想及重大发明的源泉。鱼儿在水中有自由游动的本领,人们就模仿鱼类的形体造船,以木桨仿鳍。我国古书《淮南子》记载,古人因"见飞蓬转,而知为车",即见到随风旋转的飞蓬草而发明轮子,从而做成装有轮子的车。基于对鸽子飞行的长期观察和模仿,莱特兄弟(the Wright Brothers)制造的飞机终于在1903 年在世界上首次试飞成功[1]。这些模仿生物构造和功能的发明与尝试,是人类仿生学的雏形和先驱。20 世纪 50 年代以来,随着生产的需要和科技的发展,人们逐渐认识到生物系统是开辟新技术新领域的主要途径之一。生物学首先在自动控制、航空、航海等军事领域取得了初步成功,然后逐步跨入到各行各业技术革新的行列。于是,生物学和工程技术学科结合在一起,互相渗透孕育出一门新生科学——仿生学。

1960 年 9 月,美国的斯梯尔(Jack E. Steele)博士在美国空军航空局组织召开的第一次仿生学会议上首次正式提出"仿生学"(Bionics)一词。他认为,"仿生学是研究以模仿生物系统的方式,或是以具有生物系统特征的方式,或是以类似于生物系统方式工作的系统的科学"[2]。确切地说,仿生学主要是观察、研究和模拟自然界生物各种各样的特殊本领,包括生物本身的结构、原理、行为、各种器官功能、体内的物理和化学过程、能量的供给、记忆与传递等,从而为科学技术提供新的设计思想、工作原理和系统架构。因此,它是一门集生命科学、物质科学、脑与认识科学、工程学、数学系力学、造型艺术及系统科学等学科的高度交叉学科。仿生学不仅为工程科学提供了新思路,它还使生物科学的研究在方法上发生了根本的转变,生物学家已开始采用仿生的物理模型研究一些生物问题。近年来,仿生学越来越多地显示出强大的生命力,它的发展和成就将为促进世界整体科学技术的发展做出巨大的贡献。

随着仿生学的不断发展,生物系统为现代机器人学研究也带来了新思路,从

1

20世纪90年代开始,逐渐形成仿生机器人学(Biorobotics)这个新兴交叉学科。机器人从20世纪中期出现,到现在已有60年的历史。虽然现代机器人的智能程度已经较高,在人类生产生活中发挥着越来越重要的作用,甚至在前不久的人机围棋大战中,谷歌的Alpha Go机器人历史性地战胜世界冠军李世石,展示出机器人在人工智能领域的强大实力与无限潜力,但目前绝大多数机器人的功能和智能程度还无法与生物体相媲美,仍有较大的提升空间。研究者也开始系统地从仿生角度研究机器人,学习和模拟生物体的神经控制、推进结构、感知反馈及群体交互等方式,试图制造出像生物那样智能、高效、稳健的机器人系统。目前,仿生机器人学也因此成为了机器人学活跃的研究领域之一。和传统机器人相比,世界上已开发出陆地、空中和水下的仿生机器人,在运动灵活性、机动性和适应性方面都表现出更大的优势[3-5]。作为仿生学和机器人学高度融合的产物,仿生机器人将会促进机器学和生物学等领域的快速发展,同时,正在或即将对工农业生产、民用事业及国防安全等方面产生深远的影响[6]。

海洋占据着地球大约70%的面积,资源丰富。在海洋资源尤其是深海或危险海域的探索或开发中无人潜航器扮演着越来越重要的角色。进入21世纪,随着海洋开发与利用的日益增多,海洋环境监测、深度科学考察、工程实施、应急搜救等行为必将更加频繁与深入,这对海洋开发的执行终端——无人潜航器,提出了如下更高的要求:高控制精度、高机动性能、高推进效率以及高度智能。高控制精度将保证无人潜航器高精度操作任务的执行,如水下设施的维修或失事船只物品的打捞等;高机动性将保证无人潜航器在狭窄水环境下顺利开展工作;高推进效率是无人潜航器长航时需求的重要保证;高度智能则是无人潜航器在水下复杂环境中完成任务并成功返回的关键因素。目前,靠螺旋桨或操作舵推进的传统无人潜航器的机动性能较差,推进效率较低。其次,螺旋桨推进的无人潜航器工作噪声大。因此,设计具有高推进效率、高机动性以及低噪声的新型推进器是当前急需解决的难题。另外,现有的无人潜航器通常携带基于水声技术的通信声纳、多波束测深仪及侧扫声纳等主动感知设备,在工作时产生的声波会对附近的海洋生物造成一定影响。所以,设计新型水下感知设备以减少对水下生物的影响也是非常值得研究的问题。为了克服上述缺陷,适应未来海洋开发与探索的需求,有必要寻找更加优良的新型水下推进、感知与通信方式。为解决无人潜航器领域面临的问题,许多科学家将目光转向形态和机理更为复杂的水下动物。

经过5亿年的生物进化,鱼类目前占据着现存脊椎动物物种的1/2,无论在生理形态还是功能上都具有非常丰富的生物多样性[7]。鱼类具有非凡的水中运动能力及感知通信能力,其在游动方面的高效性、高机动性和稳定性以及在感知通信方面的高灵敏度与独特性,非常值得探索研究。例如,依靠多鳍肢和身体的协调运动,鱼类可充分利用水的反作用力,使其推进效率高达 80% 以上,尤其是鲹科鱼类的推进效率更是超过 90% ,而普通螺旋桨推进器的平均效率仅有鱼类的 1/2 左右。在机动性方面,旗鱼(Sailfish)的最大速度可达 110km/h,梭子鱼(Pike)的瞬时加速性能高达 $249m/s^2$,超过了 $25g$,鱼类的转弯半径一般仅为 $0.1 \sim 0.3$BL[8](Body Length,体长);而普通船舶通常以 $3 \sim 5$BL 的半径缓慢变向。在环境感知方面,鱼类拥有独特的侧线系统。侧线可灵敏地感知鱼体周围的水流变化,使鱼类能够对周围环境做出快速评估和反应。侧线在鱼类躲避障碍物、跟踪追捕猎物以及群游等多种行为中发挥着重要作用[9]。目前能够精确感知水流的传感器较少,很难为无人潜航器的内外环境感知发挥作用。另外,自然界有类弱电鱼(Weakly Electric Fish)可通过发射和感受电场进行信息交互,实现对周围移动物体的定位或与附近同种鱼类的通信[10];目前无人潜航器近距离的通信能力相对较弱。此外,生物理论学家指出,鱼类成群游动时可以通过特定的队形排列提高群体的游动效率[11]。因此,从鱼类这些独特新颖的形态、结构、控制、感知通信等诸方面进行研究和模仿,研制新型仿生水下机器人,将具有很高的理论研究价值及良好潜在应用价值。

仿生机器人学的研究必将促进相关学科的进一步融合发展,并为开发研制具有良好自主能力和应用前景的新型仿生系统甚至智能群体提供强大的理论指导与技术支撑。

海洋是宝贵的"国土"资源,蕴藏着丰富的生物资源、油气资源、矿产资源、动力资源、化学资源和旅游资源等,是人类生存和发展的战略空间与物质基础。海洋也是人类生存环境的重要支持系统,影响地球环境的变化。海洋生态系统的供给功能、调节功能、支持功能和文化功能具有不可估量的价值。进入 21 世纪,国家高度重视海洋的发展及其对中国可持续发展的战略意义。习近平总书记指出,海洋在国家经济发展格局和对外开放中的作用更加重要,在维护国家主权、安全、发展利益中的地位更加突出,在国家生态文明建设中的角色更加显著,在国际政治、经济、军事、科技竞争中的战略地位也明显上升。因此,海洋工程与科技的发展受到广泛关注。

中国海洋工程与科技发展战略包括"陆海统筹、超前部署、创新驱动、生态文明、军民融合"的发展原则,"认知海洋、使用海洋、保护海洋、管理海洋"的发展方向和"构建创新驱动的海洋工程技术体系,全面推进现代海洋产业发展进程"的发展路线。据此,我国提出了"以建设海洋工程技术强国为核心,支撑现代海洋产业快速发展"的总体目标及"2020 年进入海洋工程与科技创新国家行列,2030 年实现海洋工程技术强国建设基本目标"的阶段目标。

其中,我国四大海洋战略任务包括:加快发展深远海及大洋的观测与探测的设施装备与技术,提高"知海"的能力与水平;加快发展海洋及极地资源开发工程装备与技术,提高"用海"的能力与水平;统筹协调陆海经济与生态文明建设,提高"护海"的能力与水平;以全球视野积极规划海洋事业发展,提高"管海"的能力与水平。为了实现上述目标和任务,建设海洋强国,科技必须先行,必须首先建设海洋工程技术强国。建设海洋工程科技的一个重要任务应是搭建搞智能化的无人潜航器平台。

1.2　无人水下机器人及仿生技术概况

无人潜航器(Unmanned Underwater Vehicles, UUV)也称为水下机器人,它并不是一个人们通常想象的具有类人形状的机器,而是一种可以在水下代替人完成某种任务的装置,在外形上更像一艘微小型潜艇。UUV 的外形通常是依据水下工作要求设计的。生活在陆地上的人类经过自然进化,诸多的自身形态特点是为了满足陆地运动、感知和作业要求,所以大多数陆地机器人在外观上都有类人化趋势,这是符合仿生学原理的。水下环境是属于鱼类的"天下",人类身体的形态特点与鱼类相比则完全处于劣势,所以 UUV 的仿生大多体现在对鱼类的仿生上。目前,大多数 UUV 是框架式和与潜艇类似的同转细长体。近年来,仿鱼类运动方式的水下机器人也开始逐渐发展起来。它们工作在充满未知和挑战的海洋环境中,风、浪、流等复杂的海洋环境会对它们的运动和控制产生严重干扰,使水下通信、导航和定位十分困难,这是与陆地机器人最大的不同,也是目前阻碍水下机器人发展的主要因素。

此外,现有的载人潜航器由人工输入信号操控各种机动与动作,由潜水员和科学家通过观察窗直接观察外部环境,虽然具有由人工亲自做出各种核心决策,便于处理各种复杂问题的优点,但是人生命安全的危险性增大,还需要足够的耐压空间、可靠的生命安全保障和生命维持系统,这为潜航器带来体积庞大、系统复杂、造价高昂、工作环境受限等不利因素。UUV 由于没有载人的限制,它更适合长时间、大范围和大深度的水下作业。按照与水面支持系统间联系方式的不同,可以将 UVV 分为以下两类。

(1)有缆水下机器人,或者称为遥控无人潜航器(Remotely Operated Vehicle, ROV)。ROV 需要由电缆从母船接受动力,并且 ROV 不是完全自主的,它需要人为干预,人们通过电缆对 ROV 进行遥控操作,电缆对 ROV 像"脐带"对于胎儿一样至关重要,但是由于细长的电缆悬在海中成为 ROV 最脆弱的部分,大大限制了机器人的活动范围和工作效率。

（2）无缆水下机器人,常称为自主式潜航器或智能水下机器人（Autonomous Underwater Vehicle，AUV）。AUV 自身拥有动力能源和智能控制系统,它将人工智能、探测识别、信息融合、智能控制、系统集成等多方面的技术集中应用于同一无人潜航器上,在没有人工实时控制的情况下,自主决策、控制完成复杂海洋环境中的预定任务使命。俄罗斯科学家 B. C. 亚斯特列鲍夫等人所著的《水下机器人》中指出第 3 代 AUV 是一种具有高度人工智能的系统,其特点是具有高度的学习能力和自主能力,能够学习并自主适应外界环境变化。执行任务过程中不需要人工干预,设定任务使命给 AUV 后,由其自主决定行为方式和路径规划,军事领域中各种战术甚至战略任务都依靠其自主决策完成。AUV 能够高效率地执行各种战略战术任务,拥有广泛的应用空间,代表了 AUV 技术的发展方向。

当然,无人潜航器技术无论在军事上还是民用方面都已不是新事物,其研制始于 20 世纪 50 年代,早期民用方面主要用于水文调查、海上石油与天然气的开发等,军用方面主要用于打捞试验丢失的海底武器（如鱼雷）,后来在水雷战中作为灭雷具得到了较大的发展。20 世纪 80 年代末,随着计算机技术、人工智能技术、微电子技术、小型导航设备、指挥与控制硬件、逻辑与软件技术的突飞猛进,AUV 得到了大力发展。由于 AUV 摆脱了系缆的牵绊,在水下作战和作业方面更加灵活,该技术日益受到发达国家军事海洋技术部门的重视。

在过去的十几年中,美国、欧洲、日本、澳大利亚等水下技术较发达的国家先后研发了数百款 AUV。虽然大部分是为开展试验,但随着技术的进步和需求的不断增强,相信用于海洋开发和军事作战的 AUV 会不断问世。由于其在军事领域具有大大提升作战效率的优越性,各国都十分重视军事用途 AUV 的研发。该领域著名的研究机构包括美国麻省理工学院 Sea Grant's AUV 实验室、美国海军研究生院（Naval Postgraduate School）AUV 研究中心、美国伍兹霍尔海洋研究所（Woods Hole Oceanographic Institute）、美国佛罗里达大西洋大学高级海洋系统实验室（Advanced Marine Systems Laboratory）、美国缅因州大学海洋系统工程实验室（Marine Systems Underwater Systems Institute）、美国夏威夷大学自动化系统实验室（Autonomous Systems Laboratory）、日本东京大学机器人应用实验室（Underwater Robotics Application Laboratory，URA）、英国海事技术中心（Marine Technology Center）等。

美国海军研究生院 AUV 研究中心研制的 AUV ARIES（图 1.1（a）），主要用于研究智能控制、规划与导航、目标探测与识别等技术。图 1.1（b）是美国麻省理工学院 Sea Grant's AUV 实验室的 Odyssey Ⅱ 水下机器人,它长 2.15m,直径为 0.59m,用于两个特殊的科学使命:在海冰下标图,以探索北冰洋下的海冰机制;检测中部大洋山脊处的火山喷发。美国的自动深海潜航器 ABE（图 1.1（c））最大潜深6000m,最大速度2节(1节=1n mile/h=1.852km/h),巡航速度1节,考察距离大于等于30km,考察时间50h,能够在没有支持母船的情况下,较长时间地执行海底科学考察任务,它是对载人潜航器和无人遥控潜航器的补充,以构成科学的深海考察综合体系,为载人潜航器提供考察目的地的详细信息。日本研制的R2D4水下机器人(图1.1(d))长4.4m,宽1.08m,高0.81m,重1506kg,最大潜深4000m,主要用于深海及热带海区矿藏的探察,能自主地收集数据,可用于探测喷涌热水的海底火山、沉船、海底矿产资源和生物等。美国Hydroid公司研制的远距离环境监测装置(Remote Environmental Monitoring Units, REMUS),其中一款名为REMUS6000(图1.1(e))的水下机器人,的工作深度为25~6000m,是一个高度模块化的系统,在自主式水下探测器中具有很高的技术水平。

我国对无人潜航器的研发始于20世纪80年代中期,主要研究机构包括中国科学院沈阳自动化研究所和哈尔滨工程大学等。中国科学院沈阳自动化研究所蒋新松院士领导设计了"海人"一号遥控式水下机器人试验样机。随后,"863"计划的自动化领域开展了潜深1000m的"探索者"号智能水下机器人的论证与研究工作,做出了非常有意义的探索性研究。哈尔滨工程大学的智水系列智能水下机器人已经突破智能决策与控制等多个技术难关,各项技术标准都在向工程可应用级别靠拢。图1.2(a)所示为哈尔滨工程大学"智水"-4智能水下机器人在真实海洋环境下实现了自主识别水下目标和绘制目标图、自主规划安全航行路线与模拟自主清除目标等多项功能。图1.2(b)所示为哈尔滨工程大学的综合探测智能水下机器人。

通过科研机构和大专院校学者们的科研攻关,部分智能水下机器人已经开始服役并形成系列,特别是中国科学院沈阳自动化研究所与俄罗斯合作的6000m潜深的CR-01(图1.2(c))和CR-02系列预编程控制的水下机器人,已经完成了太平洋深海的考察工作,达到了实用水平。由于在工业设计、制造工艺、综合控制、目标探测、导航、定位和通信等领域同水下技术发达的国家相比还有一定差距,因此国产AUV在实际应用中还受较大限制。相关领域从国外购买或租赁的AUV不但价格高,配套服务难,而且很多产品并不是专门开发的,不适用于我国的海域。所以随着海洋开发和军事用途需求的不断增长,开发更具有实用价值的国产AUV势在必行。

20世纪90年代以来,随着仿生学、流体力学、机器人学的进步,计算机、传感器和智能控制技术的快速发展,以及新型材料的不断涌现、海洋经济的发展和军事需求的增加,使水下机器人像水下生物那样在水中遨游已经不再是梦想。

目前,已研制出的仿生水下机器人中,根据其所模仿水下生物的运动方式,可分为仿生机器鱼[12]和仿多足爬行动物水下机器人[13]。仿生水下机器人运动

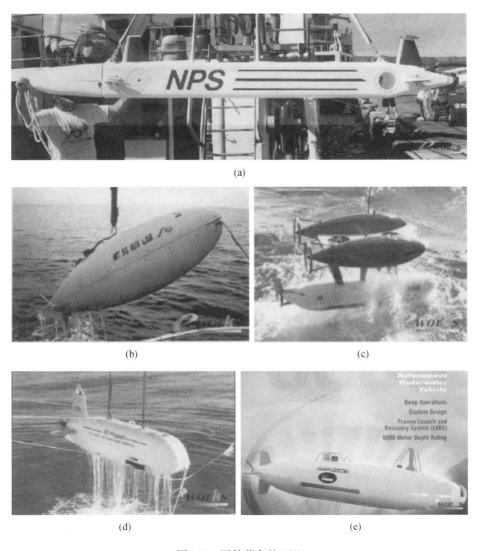

图 1.1　国外著名的 AUV

（a）AUV ARIES；（b）Odyssey II 水下机器人；（c）ABE；（d）R2D4 水下机器人；（e）REMUS。

灵活、能量利用率高,在未来有巨大的发展空间,就目前来看,其发展趋势大致如下。

（1）新型仿生驱动装置不断出现。传统的驱动装置较多的是采用电机驱动,随着形状记忆合金、压电陶瓷、人工肌肉等新型智能材料的出现,新的驱动装置将取代电机驱动,从而减小驱动装置的重量和体积,增大有效载荷和可利用空间。

7

(a)　　　　　　　　　　　　　　　　(b)

(c)

图 1.2　我国著名的 AUV
（a）哈尔滨工程大学"智水"-4 水下机器人；（b）哈尔滨工程大学的
综合探测智能水下机器人；（c）沈阳自动化研究所的 CR-01 预编程水下机器人。

　　（2）仿生运动机理不断完善。随着科学家对深海运动生物的游动机理的研究，以及驱动装置的不断优化，结合新颖的耐压机制，未来的仿生水下机器人运动会更加灵活，可实现深度下潜，游动效率将更高，最终将可以与真正的海洋生物想媲美。

　　（3）不断向智能化发展。现有的仿生水下机器人基本处于人工控制阶段，那么，随着人工智能、自动控制、计算机技术等多种学科的进一步发展，仿生水下机器人个体将具备以下的智能功能：信息交互能力；环境感知能力（包括深度、游速、障碍物检测等）；紧急情况下的自我保护，如避障、能源不足时的自主返航等。

　　（4）不断向集群化发展。自然界中，单条鱼的能力十分有限，游动动作也很简单,但当它们聚集成群,在攫取食物、逃避敌害、群体洄游等方面表现出较强的力量。同样地,单个仿生水下机器人的活动范围和能力非常有限,在复杂环境下进行水下作业、海洋监测、海洋生物观察和军事侦察等艰巨的工作对仿生水下机器人提出了更多需求,具有高机动性、高灵活性、高效率、高协作性的仿生水下机器人集群系统将是未来发展的方向。

1.3 鱼类生物学基础

鱼类生物学是仿生机器鱼研究的基础,将为仿生水下机器人的设计与研制提供理论依据。本节将介绍自然界鱼类的推进机制、感知与通信等行为。

1.3.1 游动机制

鱼类卓越的运动性能是由多种因素共同作用产生的,如流线型外形,含有黏液的身体表面等,但最主要的原因是鱼类独特的推进方式。鱼类主要使用身体和鳍肢推进、转弯及保持平衡。鱼类鳍肢的种类较多,起到的作用也不尽相同,表1.1列出了一般鱼类所具有的鳍肢及其作用。

表1.1 各类鱼鳍的比较

鳍的类别	所处部位	主要作用
尾鳍	尾部	推进和转向
胸鳍	头部鳃孔后附近的胸部	加减速、推进、升潜、平衡和转向
背鳍	身体的背部	维持身体平衡
臀鳍	肛门之后	维持身体平衡
腹鳍	腹侧	维持身体平衡和转向

根据游动时所使用身体部位的不同,鱼类的推进模式又分为两大类[8]:身体/尾鳍(Body and/or Caudal Fin, BCF)模式,鱼类通过将身体周期性摆动弯曲形成向后传播的推进波,并延伸至尾鳍,从而产生推进力;中央鳍/对鳍(Median and/or Paired Fin, MPF)模式,鱼类通过中央鳍或对鳍的波动或者摆动运动产生推进力。自然界85%的鱼类采用BCF模式推进,因此,这里以BCF模式推进为例介绍鱼类游动时的形态学。

鱼类行为研究学者指出,在柔性身体和摆动尾鳍所产生的推进运动中隐含着一由后颈部向尾部传播的行波。该推进波主要表现为脊柱和肌肉组织的弯曲,其幅度由前向后逐渐增加,传播速度大于鱼体的前进速度,该推进波被形象地称为"鱼体波"。相应地描述其运动的函数为鱼体波函数。英国科学家赖特

希尔提出 BCF 推进模式的鱼体波曲线可看作是鱼体波幅包络线和正弦曲线的合成,可用如下的鱼体波方程描述:

$$y(x,t) = (c_1 x + c_2 x^2)\sin(kx + \omega t) \tag{1.1}$$

式中:y 为鱼体的横向位移(背腹轴);x 为鱼体的轴向位移(头尾轴);k 为波长倍数($k = 2\pi/\lambda$),λ 为鱼体波的波长;$c_1 x + c_2 x^2$ 为鱼体波波幅包络线函数;c_1 为鱼体波波幅包络线的一次项系数;c_2 为鱼体波波幅包络线的二次项系数;ω 为鱼体波角频率,其中 $\omega = 2\pi f$,f 为鱼体波频率。

鱼体波开始于鱼体的惯性力中心,延伸至尾柄。根据鱼体波波长,鱼类游动形式又可以分为 4 类[14]。

(1)鲔形科(Thunniform Swimming):$2\pi/\lambda \leq 2\pi$,或 $\lambda \leq 4$。

(2)鲹科(Carangiform Swimming):$\pi/2 < 2\pi/\lambda \leq 3\pi/2$,或 $4/3 \leq \lambda < 4$。

(3)亚鲹科(Subcarangiform Swimming):$3\pi/2 < 2\pi/\lambda \leq 5\pi/2$,或 $4/5 \leq \lambda < 4/3$。

(4)鳗鲡科(Subcarangiform Swimming):$2\pi/\lambda > 5\pi/2$,或 $\lambda < 4/5$。

图 1.3 展示了 4 种鱼类游动时身体的轨迹图。

可以看出,细长的鳗鲡科鱼类游动时产生波长最短但身体幅度最大的鱼体波,而其他科类的鱼游动时鱼体波较长同时身体侧向摆动幅度较小。从图中也可看出:鱼类游动的轨迹并不是一条直线,而是一条小幅振荡的曲线;鱼头在游动时也会周期性振荡。

鱼类推进的本质是鱼体和鳍肢摆动的动量传递到水,然后又受到水的反作用力的过程。一般认为,鱼类采用波状摆动获得推力,主要是由 3 个因素产生的[16]。

(1)尾涡作用。鱼尾往复摆动,将边界层中的涡量脱泻出旋涡,形成向后喷射的反向卡门涡街,对鱼体形成反作用力即为推力。

(2)惯性作用。与空气介质不同,物体在水中加速运动时,必须改变水的动量而受到反作用力,即附加质量效应。当鱼体作侧向摆动时,各个截面都在水中左右运动,产生局部的附加质量效应。这些惯性力在前进方向上的投影和,构成了向前的推力。

(3)前缘吸力。当水流过鱼体上曲率很大的钝前缘和尾鳍前缘时,局部流速增大,形成低压区,产生前缘吸力,也产生了部分推力。其中,鱼鳍摆动产生的反卡门涡街对鱼类的推进起到了最重要的作用。

随着计算流体力学的发展和涡街可视化技术的成熟,人们对鱼类游动机制尤其是鱼类涡街控制的研究越来越深入。图 1.4 展示了鱼类身体/尾鳍推进时身体后方产生的反卡门涡街二维平面内的示意图。

在鱼类游动机理研究中,雷诺数 Re 和斯特劳哈尔数 St 是两个重要的物理量。其中,Re 表征研究对象的惯性力和黏性力的相对重要程度,定义为

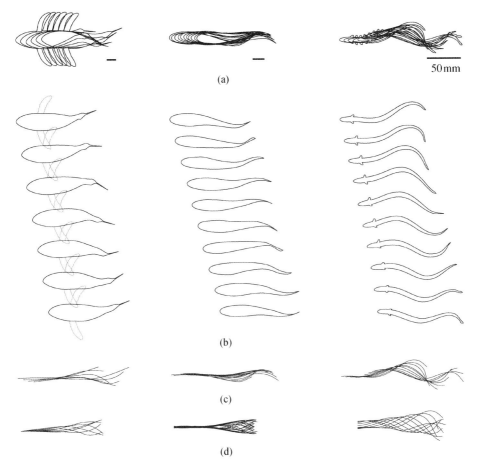

图 1.3 4 种鱼类一个尾鳍摆动周期内的运动轨迹

(左栏为鲔形科,中间栏为鲹科/亚鲹科,右栏为鳗鲡科,摘自文献[15])

(a) 惯性坐标系下,鱼体游动时随时间变化的轮廓图(背视图);

(b) 惯性坐标系下,鱼体随时间变化时独立轮廓图(背视图);(c) 惯性坐标系下鱼体中心线轨迹;

(d) 前进方向坐标重合时的鱼体中心线轨迹,展示出鱼体游动时的包络线。

$$Re = \rho UL/\mu \qquad (1.2)$$

式中:ρ 为水的密度;U 为鱼的游动速度;L 为鱼类游动部分的长度;μ 为水的动态黏性系数。鱼类游动时的雷诺数一般为 $10^3 \sim 10^8$,惯性力占主导作用,而黏性力可以忽略不计。St 表征涡的结构,其定义为

$$St = fA/U \qquad (1.3)$$

式中:f 为尾鳍的摆动频率;A 为涡街宽度,一般近似等于鱼尾摆动时最末端的峰峰幅度值;U 为鱼的游动速度。

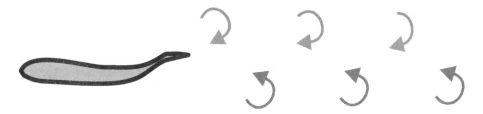

图 1.4　鱼类游动时产生的反卡门涡街

1.3.2　感知与通信

经过亿万年的进化,鱼类具有发达的感知系统,包括视觉(Vision)、听觉(Hearing)、嗅觉(Olfaction)、侧线(Lateral Line)、电场和磁场感知(Electroreception and Magnetoreception)器官等。鱼类通过感知器官从周围环境中获取有用信息,再经过神经系统的处理分析,最终大脑做出正确及时的决策。感知系统对鱼类行为和长期生存起着关键作用。

对大多数鱼类来说,视觉和侧线是最重要的感知器官。其中,侧线是鱼类独有的感知器官,尤其在几乎没有光照的深海或暗流涌动的多礁区域,侧线对鱼类生存非常重要。另外,自然界有一些鱼类可以发射和感受电场信号,通过电场进行环境感知和通信。接下来,我们着重介绍鱼类的侧线感知和电场通信。

侧线系统是鱼类和水生两栖类动物特有的感觉器官,与这些动物的趋流性[17]、捕食[18, 19]、避障[20]、群游[21]等行为密切相关。鱼类依靠侧线系统感觉周围水动力特征,获取水流运动信息。神经丘是构成鱼类侧线系统的基础单元,分为表面神经丘(Superficial Neuromast)与管道神经丘(Canal Neuromast)。图 1.5所示为金鱼两种侧线的分布图。

这两种神经丘都是由感觉细胞来感受水流产生的刺激,由于分布位置不同以及感觉细胞数量和形态上的差异,导致了两种神经丘有不同的功用[9]。表面神经丘(图上黑点)对水流方向和强度的感知主要由位于体表的纤毛细胞实现,其对位移敏感,响应低频直流分量,相当于位移传感器,可检测水流速度。当水流和鱼体表面发生相对运动时,位于体表的纤毛细胞产生倾斜,引起纤毛细胞下面的神经元产生神经冲动,这些神经冲动由神经末梢传递到大脑神经中枢,因而,对水流产生了感觉。管道神经丘(图上深灰色线条上的白点)位于鱼类表皮下的侧线管中,对加速度敏感,响应高频分量,能感觉压力梯度,相当于压力梯度传感器。管道神经丘位于皮下充满黏液的管道中,并通过一些小孔与外界水环境相通。相邻小孔之间存在流速梯度时,会产生压力差,导致侧线管内液体运动,触动神经丘突起上的感觉毛,从而产生神经冲动,最后,通过神经脉络传输到

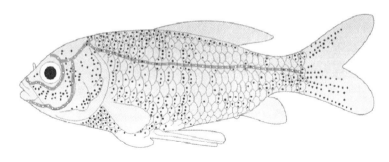

图 1.5 金鱼侧线系统(摘自文献[22])

神经中枢。自 17 世纪 Stenonis 首次对侧线的观察,生物学家对侧线器官的结构功能和神经支配等进行了细致深入的研究,取得了丰富的研究成果[23]。

水中动物可以感知电场的能力直到 20 世纪 50 年代后期才被人们发现[10]。目前,只有南美的电鳗亚目(Gymnotiformes)鱼和非洲的管嘴鱼科(Mormyridae)鱼可以主动发射和感知电场,原理类似于雷达和声纳。图 1.6(a)画出了鱼类产生的电场示意图,这些生物电场是由鱼类身上专门的电感知器官(Electric Organ)产生的。

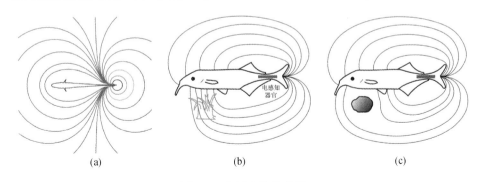

图 1.6 电场定位示意图

(a)鱼发射的电场等势线;(b)当周围有导电性物体时的电场等势线;(c)当周围存在非导电物体时的电场等势线。

有不少鱼类(如鲨鱼、鲟鱼、鲇鱼)虽不能发射电场,但可以感知弱电场,从而对发射电场的猎物进行定位。电场感知主要分为两类:一类是电场定位(Electrolocation);另一类是电场通信(Electrocommunication)。电场定位的工作原理如下:鱼使用其电器官发射电场从而在其周围形成一个弱电场(身体附近的电场强度一般约为 $1mV \cdot cm^{-1}$);当鱼体附近存在与水的阻抗不同的物体时,就会使这个弱电场发生一定畸变,被弱电鱼身上的电感受器(Electroreceptors)检测到,再经过神经细胞进一步的处理分析,最后电鱼可以对其附近物品的位置、大小、形状甚至鱼的种类进行区分,图 1.6(b)和图 1.6(c)展示了水中导电物体和非导电物体在电鱼附近时,弱电场发生的畸变示意图。电场定位主要帮助鱼类辨识其附近的物体,鱼类电场定位的范围一般在一个鱼体长度内。电场通信的工作原理为一条电鱼发射电场,第二条电鱼接受第一条电鱼发射的电场信号,并从中提取频率、波形及信号时间间隔等信息,最终解读出信号的含义。目前,一般认为电鱼通过电场通信传递同类认知、求偶及环境状态等信息。电场通信的范围一般在 1~5 倍的鱼体长度内。生物电场通信的信号分为脉冲型和连续型两种,类似于我们定义的数字信号和模拟信号。

1.4　仿生机器鱼研究现状

从 1994 年美国麻省理工学院的 Triantafyllou 等人成功研制出世界上第一条仿生机器鱼 RoboTuna[24]到现在,仿生机器鱼已有 20 多年历史。目前,仿生机器鱼的研究已成为水下机器人领域的一个重要分支,渗透到了多个领域。其研究内容也已从开始的鱼类游动机理研究和样机研制逐步向复杂的水中运动控制与优化、新型仿生感知及自主导航定位等多个领域发展。学者们也开始使用仿生机器鱼开展工程应用和生物学问题的探索,如以仿生机器鱼为物理模型探索鱼类行为及鱼群形成机制等。表 1.2 给出了国内外在该领域的典型研究项目。

表 1.2　国内外典型的仿生机器鱼研究项目

国别	研究单位	研究内容
美国	麻省理工学院	第一条仿生机器鱼 Robotuna(1994 年)
	中佛罗里达大学	微电子仿生机器鱼(应用 SMA 技术)
	密歇根大学	仿生机器鱼建模控制及仿生侧线
	得州农工大学	仿生驱动材料研究
	东北大学海洋科学中心	仿生水下机器人项目
	波士顿大学	仿生机器鱼推进建模
	加州理工学院	仿生机器鱼推进的传感和控制
	新墨西哥大学	鳗状游动(IEM 驱动)
	伊利诺伊大学厄巴纳 – 香槟分校	电子鱼研究项目
	乔治·华盛顿大学	可控胸鳍的机器鱼
	加州大学伯克利分校	仿生机器鱼(CALibot)
	普渡大学	仿箱鲀机器鱼

（续）

国别	研究单位	研究内容
新加坡	南洋理工大学	柔软波动鳍推进的仿生机器鱼
英国	埃塞克斯大学	仿生机器鱼智能体研究
	剑桥大学	两个自由度的仿生机器海龟
日本	岗山大学	仿蝠鲼机器鱼
	东京大学	人工胸鳍黑鲈（Blackbass）
	名古屋大学	仿胸鳍模式浮游机器人
	Takara 公司	仿生机器鱼、仿生机器水母（宠物鱼）
	三菱重工	宠物鱼
中国	北京大学	仿鲹科、箱鲀机器鱼
	中国科学院自动化所	仿生机器鱼、仿生机器海豚
	北京航空航天大学	考古机器鱼

从表1.2中可以看出,美国和日本进行的仿生机器鱼研究相对较多,也取得了不错的成果。其发展趋势是利用新材料、新技术,对仿生机器鱼的结构不断改进;结合水动力学研究的进展,提升仿生机器鱼的综合性能,使之更加符合鱼类的推进机理。在此基础上,开始研制具有三维运动(上浮/下潜)能力的仿生机器鱼,并且结合传感和控制技术研制人机交互式的自主式智能仿生机器鱼。图1.7所示为国外典型的几款仿生机器鱼。

在国内,仿生机器鱼的研究也是一个热门领域,而且研究水平已经处于世界前列,取得了丰硕的成果[5, 12, 25-32]。1994年,华中理工大学开展了柔性尾鳍推进装置的实验与理论研究,初步探讨了尾鳍参数与推进效率之间的关系,并对鱼形机构的尾鳍部分进行试水试验,以验证鱼形机构的可行性。哈尔滨工程大学在国防基金的支持下,开展了仿生机器章鱼的研究,其主要目的是用于辅助打捞沉船,近期,他们又研制了一条仿生金枪鱼。哈尔滨工业大学在国家自然科学基金的支持下,开展了水下机器人仿鱼鳍推进机理的研究,建立了利用弹性组件提高驱动效率的试验平台。中国科学院沈阳自动化研究所制作了两关节的仿生机器鱼模型。北京航空航天大学机器人研究所深入开展了仿生机器鱼技术的研究,提出了波动推进理论及其分析方法,设计研制了游动速度为0.6m/s的仿生"机器鳗鱼"实验模型;2001年3月又研制了仿生"机器海豚",并在北京航空航天大学水洞实验室内进行了速度、功率参数测定实验及鱼体流动显示实验和鱼体运动阻力测定实验,获取了鱼的摆动推进深层次机理。2001年,中国科学院自动化所复杂系统与智能科学重点实验室和北京航空航天大学机器人所联合开

(a)　　　　　　　　　　　　　(b)

(c)　　　　　　　　　　　　　(d)

图 1.7　国外典型的仿生机器鱼

（a）MIT 研制的世界第一条仿生机器鱼；（b）埃塞克斯大学研制的仿生机器鱼；
（c）欧盟研制的环境监测仿生机器鱼；（d）EPFL 研制的仿生机器蝾螈。

展"多微小型仿生机器鱼群体协作与控制的研究"，旨在为未来复杂、动态水下环境中多仿生机器人系统控制和协调作业提供理论基础与技术支持。北京大学智能仿生设计实验室开展了一系列的水下仿生机器鱼的研究工作,继成功研制仿生机器鱼后,又先后开发了实现背腹式运动的仿生机器海豚[33],采用两自由度划水运动的机器海龟[34],基于桨腿复合机构的水陆两栖机器人以及胸鳍和尾鳍驱动能自主定位的仿生盒子鱼[35, 36]。采用多个在身体周围分布的仿生拍动翼,可实现较为灵活、自如的水下运动,同时,能够保证机器人具有良好的稳定性。图 1.8 为国内几款典型的仿生机器鱼。

1.4.1　推进机理研究

研究鱼类游动机理本质上是研究鱼类游动时的生物流体力学,其技术手段

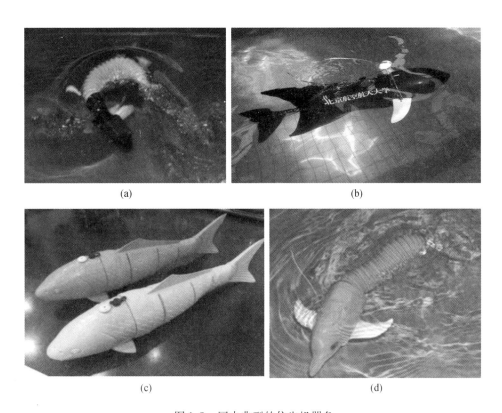

图 1.8 国内典型的仿生机器鱼

（a）中国科学院自动化研究所研制的仿生机器鱼；（b）北京航空航天大学
研制的仿生机器鱼；（c）北京大学研制的仿生机器鱼；（d）北京大学研制的仿生机器海豚。

包括实验测量、数值模拟、理论分析以及活体的观察和解剖等。Taylor[37]基于
定常流理论来计算鱼游过程中所产生的流体力，这是早期的抗力模型。随后出
现的运动学模型逐渐接近实际的鱼形运动。Lighthill[38]首次基于"小振幅位势
理论"建立了分析鲹科鱼类推进模式的数学模型。Wu[39]通过潜流理论和线性
化边界条件提出了"二维波动板理论"，该理论将鱼视为一薄板，用于分析鲹科
鱼类的水动力学特性。Lighthill[40]将"细长体理论"用于鲹科鱼类的水动力学分
析，并考虑了尾鳍任意摆幅的情况，由此提出了"大摆幅细长体理论"。Chopra
等[41]提出了一种可用于大摆幅、月牙形尾鳍推进的"二维抗力理论"，该理论是
对 Hancock 提出的"大摆幅抗力理论"与 Lighthill 提出的"大摆幅细长体理论"
的补充。考虑到鱼类游动的生物力学特性和结构的动态特点，Videler 等[42]针
对与身体长度相比其侧向振幅很小的鱼类提出了"薄体理论"；假定鱼沿纵向弯

17

曲刚度为常量，Cheng 等[43]提出了"波动平板理论"和"动态梁理论"。Trian-tafyllou 等[24, 44]研究发现，在自行驱动的鱼类身体后部有射流形成，这些喷射的涡流在产生推力方面起着重要的作用。Anderson 等[45]从实验研究中总结了摆动翼推进中要获得最大推进力的 4 个条件，分别与 St、尾鳍的最大攻角、俯仰幅度和沉浮幅度有关。Read 等[46]假设推进力是参数沉浮幅度、St、攻角、相位差的函数，通过实验手段对推进运动和机动运动中摆动水翼进行了力分析，探讨了通过谐波运动叠加俯仰俯角的方法实现机动运动的可能性。数字粒子图像测速技术（Digital Particle Image Velocimetry，DPIV）的发展使三维流场的显示和测量成为可能。Lauder 等从解剖学的角度对鱼类的胸鳍、背鳍和尾鳍进行了形态与结构分析，并采用 DPIV 技术观察鱼类的尾迹流场以对各个鳍的功能进行解释[47]。Liao 等[48]通过流场可视化和肌电图手段证实鱼类可以改变身体运动从而从涡流中获取能量。随着计算机科学和计算方法的发展，研究者也开始借助计算流体动力学（Computational Fluid Dynamics，CFD）方法对鱼类运动进行数值模拟，细致地分析鱼类的运动特性和游动效率[49, 50]。哈佛大学的 Mahadevan 等[51]为鱼类游动建立了流体弹性动力学模型，该模型指出，鱼类推进利用了鱼体与周围流体共振干扰效应，该研究对机器鱼的设计和运动优化有很好的指导意义。另外，Mahadevan 等[52]发现了鱼类游速和身体运动参数之间的一个普遍规律，定义为 $Re \sim Sw^{\alpha}$，其中 $Re = UL/v \gg 1$，$Sw = fAL/v$，U 是鱼的游速，A 是尾鳍摆动幅度，f 是尾鳍摆动频率，v 是水的运动学黏性系数。当水流为平流时，$\alpha = 4/3$，当水流为湍流时，$\alpha = 1$。

1.4.2 运动控制研究

目前，仿生机器鱼运动控制的研究主要包括仿生游动步态控制器的设计与基于运动学或动力学模型的位姿控制，基于传感器反馈控制的定位、路径规划和导航等问题相对较少。为了产生类似鱼类的游动步态，目前，主要采用离线数值拟合鱼体波的方法[53, 54]和模仿动物运动控制机理的中枢模式发生器（Central Pattern Generator，CPG）的运动控制方法[13]。生物学家研究表明，鱼类的身体和鳍的运动都是由位于脊髓中的中枢神经系统 CPG 的周期性活动所引起的，因此，引入 CPG 控制机制可产生仿生机器鱼的游动步态。CPG 网络作为一种节律性运动控制机制，主要特点是：可以在缺乏高层命令和外部反馈的情况下自动产生稳定的节律信号，而反馈信号或高层命令又可以对 CPG 的行为进行调节；当控制输入参数突然发生变化时，CPG 的输出会平滑地过渡到新的步态，让步态切换像真鱼一样自然；在高层命令的调节下，通过相位锁定，可以产生多种稳定、自然的相位关系，实现不同的运动模式；易于和输入信号或物理系统耦合，使节律行为在整个系统中传导;可对外界刺激产生反射,从而改变运动状态,具有很强的适应性和鲁棒性。这些特点非常适合于机器人的运动控制,因此,CPG 常被作为仿生机器鱼运动的底层控制器[55,56]。

由于鱼类游动涉及非常复杂的水动力学机制,目前,一般只能使用基于 Navier - Stokes 方程的流体力学模型来数值地仿真鱼类游动,很难通过解析方法建立非常精确可用于控制的数学模型,因此,目前基于水动力学模型的运动控制都基于各种假设,建立简化的水动力学模型。McIsaac 等针对鳗鲡科鱼类提出了一种基于拉格朗日方程的平面动力学模型,并采用扰动分析的方法设计了多种开环运动步态[57]。Kelly 等[58]考虑点涡产生的推力,采用欧拉 - 拉格朗日方程建立了鲹科鱼类游动的水动力学模型,采用几何非线性控制方法实现了鱼类游动步态的仿真。Morgansen 等[59]考虑附加质量力和准定常升力、阻力建立鲹科鱼类游动的三维水动力学模型,并采用非线性控制方法实现了仿生机器鱼的航向角和深度的跟踪控制。

Deng 等[60]采用牛顿 - 欧拉法建立了胸鳍驱动机器鱼的二维动力学模型,通过对模型的线性化求出了系统传递函数,并设计了 PID 控制器实现对仿生机器鱼翻滚角的姿态控制。Yu 等[61]对多关节鲹科鱼类的游动建立了动力学模型,并且使用该模型寻找仿生机器鱼倒游的最优参数。Porfiri 等[62]融合经典欧拉 - 伯努利梁理论(Euler - Bernoulli Beam Theory)和莫里森法则(Morison's Formula),建立了可计算仿生机器鱼柔性尾鳍的动力学模型。Xie 等[28]基于准定长机翼理论建立了对多鳍肢驱动的仿生机器鱼的三维动力学建模,并通过实验验证了模型有效性。Tan 等[63]结合量化方法和尾鳍受力的经典平均方法对仿生机器鱼运动时力与力矩进行平均简化,使仿生机器鱼的动力学模型可以和控制器更容易结合。

实际上,目前,大多数已建立的简化动力学模型依然较为复杂,不易应用到仿生机器鱼控制器的设计上。因此,不少学者尝试了基于 PID 控制器和模糊控制器的算法控制仿生机器鱼位姿。Yu 等[64]采用模糊逻辑方法,对仿生机器鱼的速度和方向进行控制,实现点到点运动控制。Xie 等[65-67]分别采用 PID 控制和 ADRC 控制实现了对仿生机器鱼的航向角和翻滚角的精确控制。仿生机器人在水中运动时会不断地受到周围水流干扰,如果能把周围水流信息反馈到控制器,很可能会提升控制器性能。Xu 等[68]使用压力传感器阵列模拟鱼类侧线,把传感器采集的信息前馈到控制器上,提高了仿生机器鱼轨迹跟踪时的控制精度。

1.4.3　仿生感知研究

鱼类具有独特发达的感知系统。如果我们模仿鱼类某些感知系统的工作原理并在工程上进行实现,这将提高目前水下机器人的感知通信能力。这里我们回顾近年来的水下仿生领域的一个研究热点——仿生侧线感知。

近年来,随着机械、材料、电子及仿生科学的飞速发展,研究人员开始使用传感器来模拟鱼类侧线系统感知水流信息的功能[69]。这种由多个传感器阵列形成的感知水流的系统一般称为仿生/人工侧线系统。一方面,仿生侧线系统可作为一个物理模型,用于生物侧线与周围水流交互机制的一些生物学假设[70];另一方面,仿生侧线系统可成为水下机器人的一种新型感知传感器,帮助它们获取周围水环境信息。尤其在光线不好或地形复杂的水域,仿生侧线系统可以达到视觉传感器和声学传感器所无法替代的有效感知能力。

目前,大部分研究都集中于单独仿生侧线系统或者集成到静态模型上的仿生侧线系统,研究内容集中在偶极子振荡源定位[22]、障碍物识别和跟踪[71]以及稳定水流与非稳定水流分析[72]等方向。2006 年,Yang 等首次搭建了人工侧线系统[73]。该侧线系统的基本测量单元是根据热线风速仪原理制成的微米级的传感器,由分布在一条直线上的 16 个传感器组成。该研究使用极大似然信号处理算法实现了仿生侧线系统对平面内的偶极子振荡源的定位。2010 年,Yang 等[22]又利用仿生人工纤毛细胞感知器组成阵列覆盖在一个圆柱体周围,使用一种波速形成算法(Beamforming Algorithm)实现了仿生侧线系统在三维空间内的偶极子振荡源定位。2011 年,Yang 等[74]进一步设计制造了一个仿管道神经丘的仿生侧线系统检测细微的水中偶极子振动,仿生侧线的检测结果和偶极子振荡的理论值非常吻合。Tan 等[75-77]使用非线性的 Gauss – Newton 和 Newton – Raphson 迭代模型,结合偶极子流场的解析模型,实现了对偶极子振荡源位置和方向的定位以及振荡幅度的检测,为仿生侧线系统对偶极子源的定位提供了一种新的思路。

关于仿生侧线系统在被动移动时对环境的感知研究和集成到可移动仿生机器鱼上的仿生侧线系统的初步研究于近 5 年才出现。2013 年,Akanyeti 等[78]首先研究了考虑人工侧线系统直线移动时的水流感知问题。利用伯努利方程,获得了仿生侧线系统的压力传感器阵列与仿生机器鱼运动速度、加速度的关系表达式。该表达式模型揭示了一个有价值的结论:仿生侧线系统在仿生机器鱼移动速度较低时对它的加速度感知敏感;在仿生机器鱼移动速度较高时对速度的感知比较敏感。2014 年,Chambers 等[79]研究了仿生侧线系统在纵向和侧向移动时的水流感知问题。研究发现,相比于仿生侧线静止时的水流感知,仿生侧线系统在仿生机器鱼移动时更有利于感知水流环境。移动的仿生侧线系统可以检测圆柱体后面的涡街特征,从而估算涡街脱落频率、涡街强度、圆柱体的直径以及水流速度等参数。

1.5　仿生机器鱼的研究意义

21 世纪是人类开发海洋的世纪。随着陆地资源的日益枯竭,人们把目光投向了拥有丰富资源和巨大开发价值的海洋。随着海洋开发需求的增长及技术的进步,适应各种非结构化环境的水下机器人将会得到迅猛的发展。仿生机器鱼作为一种结合了鱼类推进模式和机器人技术的新型水下机器人,与传统的基于螺旋桨的水下航行器相比,具有以下优点。

(1) 推进效率高。采用仿生推进器比常规螺旋桨推进器的效率可提高30% 以上,从而可节省能源,延长水下作业时间,提高续航能力。

(2) 机动性能高。通过身体和鳍的协调运动,可提高快速启动、上升下潜、悬停定位以及机动转弯的性能,增强了在复杂水下环境中的作业能力。

(3) 隐蔽性能好。采用仿生波动式或摆动式运动,其尾流与鱼类相似,对环境扰动小,很难被水下声纳装置探测。

(4) 仿生性能良好。仿生机器鱼不论在外形还是游动方式上都与自然界中的鱼类相同,对海洋生态的影响较小。

针对上述优点,仿生机器鱼将在以下领域得到广泛应用。

(1) 要求作业时间长、范围大,但本身承载能力或承载空间有限,不能加载太多能源的场合,如环境监测、军事侦察等。

(2) 要求机动性能高的场合或空间狭窄、空间结构复杂的场所,如管道检测。管道内部结构复杂,采用微小型仿生机器鱼可较好地完成作业任务。

(3) 海洋生物观察常规螺旋桨推进器噪声大,对环境扰动大,使水下运动装置很难接近所要观察的海洋生物,采用静音驱动的仿生机器鱼有望解决这一难题。

(4) 海底勘探及海洋救捞采用仿生推进方式可以很容易地进入环境复杂的海洋空间(如沉船内部珊瑚礁群),完成常规潜航器所不能完成的作业任务。

(5) 潜在的军事应用。一方面,利用仿鱼推进技术可制造小型潜航武器、无人驾驶仿生袖珍潜艇。该袖珍潜艇比传统潜艇具有更高的机动性和可操作性,可直接进行水下侦察,发现敌方雷区,跟踪及摧毁敌方潜艇。另一方面,由于仿生机器鱼体积小、成本低、机动性好,可以由水面舰艇、潜艇及飞机等大量携带,成群投放,将在攻击、侦探和扫雷等方面发挥重大作用。此外,可利用仿生机器鱼体形小,不易被声纳所探测的特点,平时化整为零在特定海域游弋,当遇到敌方舰队时迅速集结,重点攻击,以较小的代价重创敌方。

(6) 娱乐方面。目前,新的机器人技术正越来越多地应用于玩具制造业。

1999 年 6 月,日本索尼公司推出 Aibo 机器狗,"机器宠物"的概念便风靡全球。2000 年 3 月,在东京玩具展览会上,日本第三大玩具制造商 Takara 公司展出了一系列机器鱼 Aquaroid Fish,包括机器水母和机器蟹。2001 年 1 月,三菱重工(MHI)开始生产面向市场的仿生机器鱼 Mitsubishi Animatronics,该鱼仿照一种已经灭绝的腔棘鱼外形制造,是世界上第一条采用无线控制的"宠物鱼"。随着制造工艺的进步和技术创新,"宠物鱼"将以优美的造型和低廉的价格走向市场。

随着机器人应用领域的扩展和任务复杂性的增加,单体机器人在信息的获取、处理以及控制等方面往往显得力不从心。受多智能体系统和生物群体智能的启发,人们考虑使用多个机器人组成的群体,通过协调、协作完成单体机器人无法或者难以完成的工作。经过 20 多年的发展,研究者们对多机器人协作系统的体系结构、协作与协调策略、通信机制、学习和演化等方面进行了大量的研究,并产生了多种典型的协作任务验证算法的有效性,如动态环境下的队形保持与控制、机器人足球比赛、协作物体搬运以及协作探索与地图创建等。多机器人系统比单机器人系统具有更强的优越性,主要表现在以下几个方面。

(1)相互协调的 n 个机器人的能力可以远大于一个单机器人能力的 n 倍,可以实现单机器人系统无法实现的复杂任务。

(2)设计和制造多个简单机器人比单个复杂机器人更容易,成本更低。

(3)使用多机器人系统可以大大节约时间,提高效率。

(4)多机器人系统的并行性和冗余性可以提高系统的柔性与鲁棒性。

利用多机器人协作系统的优点,可采用多个仿生机器鱼组成集群协作系统,以完成单个仿生机器鱼无法或者难以完成的复杂水下任务。例如,采用多个仿生机器鱼可以组成水下移动传感器网络,进行长期的海洋水文环境监测;利用多仿生机器鱼协作系统进行水下搜救,可大大提高效率和找到目标的机率。另外,采用多个形似且神似的仿生机器鱼混入鱼群,还能够对鱼类的集群行为进行人为的操纵与控制,为揭示和验证鱼类群体智能提供一种有效的技术手段。

鱼类生存在水中,经过长期的自然选择,进化出了性能完备的游动机能和器官。随着流体力学、材料学、传感技术和控制技术的不断融合发展,未来的仿生机器鱼将像真鱼一样游动,仿生机器鱼群体也将像鱼群一样相互协调完成复杂的任务。

第 2 章　仿生机器鱼运动学与动力学模型

仿生机器鱼作为一种以真鱼为模型的水下机器人,与传统的智能水下机器人相比,除外形与生物更相似外,还具有跟生物类似的运动模式[80, 81]。例如,仿鲹科(Carangiform)鱼类的机器鱼通过类似鲹科鱼类的身体摆动从而获得向前的推进力[82, 83]。参考真鱼运动的分类,仿生机器鱼也可以根据推进方式的不同,分为身体/尾鳍推进模式(Body and/or Caudal Fin, BCF)和中央鳍/对鳍模式(Median and/or Paired Fin, MPF)。本章针对身体/尾鳍推进模式的仿生机器鱼,介绍了鱼体波方程描述函数,以及基于鱼体波方程的轨迹规划控制方式和基于中枢模式发生器(Central Pattern Generator, CPG)的运动控制算法[84-88]。进一步介绍了仿生机器鱼的动力学模型,从 1960 年 Lighthill 提出细长体模型[89]到描述鱼体正/倒游的不动点模型(Fixed - point Model)[90, 91],准定常升力理论的模型,以及最近提出的计算流体动力学(Computational Fluid Dynamics, CFD)[92]和借助粒子图像测速(Particle Image Velocimetry, PIV)动力学模型[93]。

2.1　运动学模型

2.1.1　推进方式

类似于真鱼,仿生机器鱼的运动可粗略分为由两种不同身体部位的不同运动方式组成:身体摆动运动(Undulation Motion)和胸鳍振荡模式运动(Oscillatory Motion)。不同的运动模式的组合可以实现不同鱼体运动性能,身体摆动模式多用于实现长时间巡航以及获得较大的加速度,胸鳍振荡模式有益于提高水下的灵活性[94](图 2.1)。

参考真鱼推进方式的分类[95],仿生机器鱼推进方式按照推进的鳍肢不同可以分为身体摆动推进方式和胸鳍/对鳍摆动方式。Breder 进一步根据不同鱼体摆动部分的不同,对于身体摆动推进方式又分为了鳗鲡科摆动模式(Anguilliform Mode)、鲀形科摆动模式(Ostraciform Mode)、鲹科摆动模式(Carangiform Mode)等(图 2.2)。

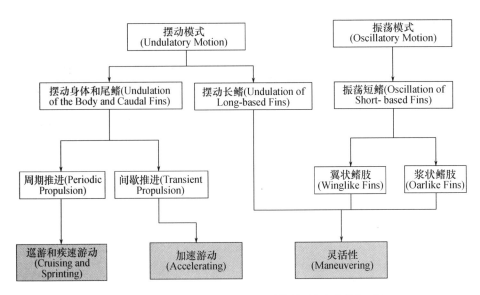

图 2.1　不同推进模式下的主要运动特性(摘自文献[94])

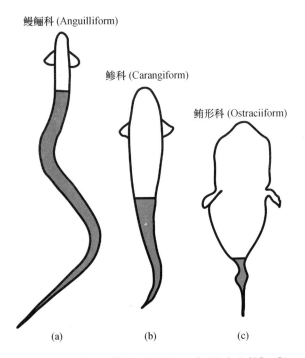

图 2.2　3 种利用身体摆动推进的鱼类(摘自文献[96])

2.1.2　鱼体波函数

为了能够精确地描述鱼体姿态随时间的变化过程,学者们基于鱼体游动实验,提出了鱼体波函数。通过鱼体波函数,生物学家进一步理解了生物运动形态的规律[97-104]。著名学者 James Gray 早期基于对各种鱼类运动的观察,总结了多条用以描述生物运动的规律;物理学家 Michael James Lighthill 为了描述细长体摆动下的推进效率,提出了鱼体波函数的描述[89],即

$$h(x,t) = f(x)g\left(t - \frac{x}{c}\right) \tag{2.1}$$

式中:x 为鱼体上的点距鱼头的弧长;t 为鱼体波描述的时刻;$f(x)$ 为点 x 的摆动幅度;$g(t,x)$ 为点 x 的振荡方程,可以取为 $\cos(\omega t)$;c 为鱼体波的传递速度。随后机器人学家 Michael Triantafyllou 在对仿生机器鱼的运动控制进行优化的时候提出了具体的鱼体波摆动形式[105],即

$$y_{\text{body}}(x,t) = [c_1 x + c_2 x^2][\sin(ks + \omega t)] \tag{2.2}$$

式中:y_{body} 为鱼体截向摆动距离;x 为沿鱼体方向的偏向距离;$k = \dfrac{2\pi}{\lambda}$ 为鱼体波数目,鲹科鱼类该值较小,鳗鲡科该值较大,λ 为鱼体波波长;c_1 为摆动幅度包络线的一次波系数;c_2 为摆动幅度包络线的二次波系数;ω 为鱼体波频率。随后,关于仿生机器鱼鱼体波的描述多采用 Michael Triantafyllou 的表达方式。

基于对仿生机器鱼游动姿态的观察,北京大学智能控制实验室谢广明教授课题组提出了基于不动点的鱼体波描述方式[91],用以描述鱼体正向游动以及反向游动的运动过程。

图 2.3 给出了仿生机器鱼在前向游动一个周期下的不动点,图中可以看到,以不动点为分界点,分为鱼体前部及鱼体后部。鱼头存在小幅度的摆动,摆动幅度从鱼头到不动点递减,从不动点到鱼尾呈现递增趋势(图 2.4)。以不动点表示的鱼体波方程为[91]

$$z'(x,t) = (c_1(x - x_0) + c_2(x^2 - x_0^2)) \tag{2.3}$$

式中:$z'(x,t)$ 为鱼体在截面的摆动幅度;x 为沿鱼体方向的偏向距离;k 为鱼体波数目;c_1 为摆动幅度包络线的一次波系数;c_2 为摆动幅度包络线的二次波系数。

图 2.5 给出了不同不动点下的鱼体一个周期内的鱼体波曲线簇,图 2.5(a)表示不动点为 0 时的一个周期内的鱼体波摆动,这与 Michael Triantafyllou 提出的鱼体波类似。图 2.5(b)表示不动点为 0.5 倍体长时一个周期内的鱼体波摆动,此时,鱼体头部和尾部摆动幅度相等,根据 Lighthill 的细长体理论,如果此时

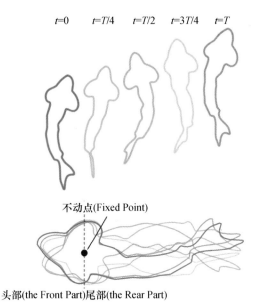

$t=0$ $t=T/4$ $t=T/2$ $t=3T/4$ $t=T$

不动点(Fixed Point)

头部(the Front Part)尾部(the Rear Part)

图 2.3　3 种利用身体摆动推进的鱼类(摘自文献[106])

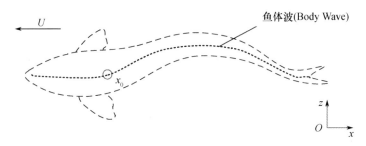

U

鱼体波(Body Wave)

x_0

z

O x

图 2.4　仿生机器鱼以 x_0 为不动点的鱼体摆动姿态,

以鱼头起始点为坐标轴原点,坐标轴 x 轴向过不动点(摘自文献[91])

鱼头和鱼尾形成的附加质量力相等,则此时鱼头摆动形成的向后的推力等于鱼尾摆动形成的向前的推力,仿生机器鱼将会获得速度 0,表现为在水中挣扎的运动模式。图 2.5(c)表示不动点为一倍体长时一个周期内的鱼体波摆动,此时,由于仿生机器鱼鱼头摆动形成向后的推进力,而鱼尾由于 0 摆幅,没有向前的推进力,仿生机器鱼最后表现为向后倒游的游动模式。关于该鱼体波方程的描述见文献[91]。

2.1.3　轨迹规划式运动控制

轨迹规划运动控制基于预先规划的运动姿态序列,再控制仿生机器鱼按照

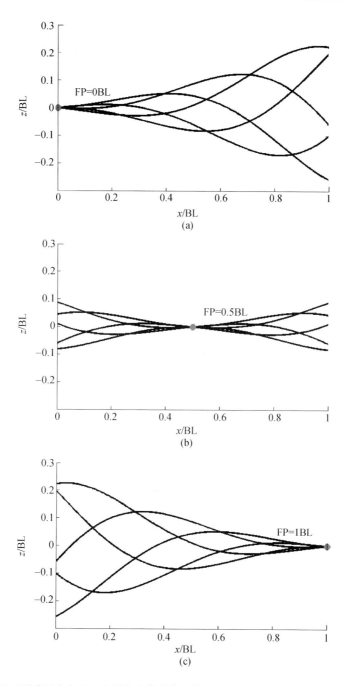

图 2.5　不同不动点下一个周期内的鱼体波簇(FP 表示不动点,摘自文献[91])

该轨迹序列摆动,形成类似真鱼游动的形态获得向前的推进力。著名的英国埃塞克斯大学的 G 系列仿生机器鱼就是采用基于鱼体波方程的规划方式实现仿生机器鱼的仿生运动[107]。图 2.6 给出了一个时刻下,由硬质连杆机构组成的仿生机器鱼逼近鱼体波方程的实现方式。图中实直线表示仿生机器鱼的多个硬质连杆机构,图中展示了由 4 个连杆机构组成的仿生机器鱼。点划线表示仿生机器鱼此时需要逼近的鱼体波形态。在这个过程中,一个关键的问题是,由于仿生机器鱼是由离散的硬质连杆组成,无法完全逼近连续曲线描述的鱼体波,优化获得最佳逼近方式是学者们曾经讨论的问题。北京大学智能控制实验室谢广明教授课题组提出了基于连杆机构和鱼体波曲线围成的面积为优化对象,最佳优化为面积为 0,即完全重合。详细优化方式和优化过程参见文献[108]。将一个仿生机器鱼运动周期的各个离散时刻对应的鱼体波都进行优化就可以获得仿生机器鱼在任一时刻运动的控制姿态,最终获得仿生机器鱼的连续摆动。

利用轨迹规划的运动控制方式的一个大的优势是可以使得仿生机器鱼是可以实现近乎任意摆动形态,包括 C 形启动等。文献[109]详细给出了基于圆形轨迹规划的 C 形运动控制方式。图 2.7 给出了基于真鱼 C 形运动的姿态规划的仿生机器鱼 C 形运动的伸展和收缩过程。

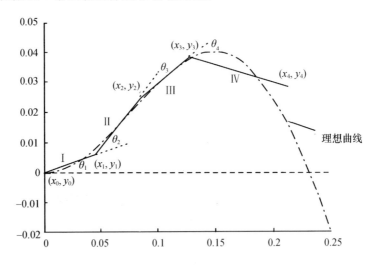

图 2.6　仿生机器鱼逼近鱼体波的示例(摘自文献[91])

基于轨迹规划的运动控制主要的缺点是:仿生机器鱼所有运动过程都需要预先规划好,然后仿生机器鱼严格按照规划的姿态摆动。基于轨迹规划的运动控制主要的缺点是:仿生机器鱼所有运动过程都需要预先规划好,然后仿生机器鱼严格按照规划的姿态摆动。由于规划过程无法严格考虑到外界环境的干扰,

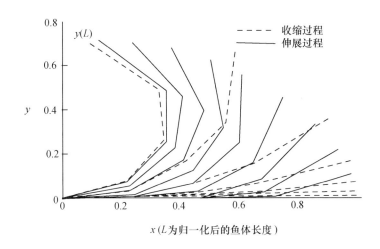

图 2.7　仿生机器鱼体逼近鱼体波的示例(摘自文献[109])

无法实现对于环境的反馈并作相应的调整,整个系统近似为开环控制。

2.1.4　基于 CPG 模型的运动控制器

另外,还有一种名为 CPG 的模型运动控制器广泛应用于仿生机器鱼运动控制,CPG 运动控制最早由生物学家提出,在研究生物运动控制神经时提出生物体是通过 CPG 形成并控制外部的节律运动的。学者在进一步的研究中发现,CPG 几乎存在于所有的脊椎动物和无脊椎动物中[110, 111]。但是对于 CPG 运动的形成,学者们曾有过激烈争论:Sherrington 认为 CPG 的振荡行为需要外界环境对生物体的感知器官进行刺激;Brown 则认为这种节律运动并不需要外界反馈,只需要对生物大脑的简单刺激就能让 CPG 形成相应的节律运动。为了寻找 CPG 运动的成因,学者们利用七鳃鳗做了一个简单的实验。首先,切断七鳃鳗的大脑和脊椎(CPG 所在的地方)之间的连接,接着用电化学信号刺激其脊椎,结果发现七鳃鳗的身体自发形成了类似正常运动的身体摆动姿态[112, 113],证明了 CPG 是由大脑的简单信号触发后形成的节律运动的观点。随后,学者们进一步发现是中脑运动区域(Mesencephalic Locomotor Region,MLR)通过很简单的低维信号触发了 CPG,且同时增加或降低触发信号可实现不同运动模态之间的切换。

学者们通过对 CPG 进行建模,分析节律运动的产生和控制机制等问题。根据对 CPG 研究着重点的不同,将 CPG 模型分为以下 3 种形式。其一是基于 Hodgkin - Huxley 神经模型的详细生物模型。该模型主要用来研究节律运动的发生机理(如何在很小的神经元结构中实现节律运动)[114]。其二是基于简化神经

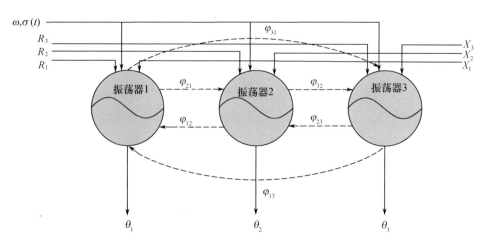

图 2.8　仿生机器鱼体逼近鱼体波的示例(摘自文献[86])

元模型的连接模型,该模型通常会以 Leaky – Integrator 神经元和 Intergrate – and – Fire 神经元为基础,回答神经元网络属性是如何产生节律运动的问题[115]。其三是基于简化振子的模型,利用多个振荡单元之间的耦合实现群体的振荡行为,主要回答神经元之间的耦合以及固有频率是如何影响整个神经元网络的振荡的问题[116]。

振荡模型中 CPG 又可根据振子模型的选取分为基于 Hopf 振荡 CPG[117]、基于 Matsuoka 振荡 CPG[118]、基于 Kuramoto 振荡 CPG[119]以及基于线性振荡 CPG[86]等。

鲹科鱼类 CPG 控制器设计为

$$\dot r_i(t) = \alpha_i(R_i - r_i) \tag{2.4}$$

$$\dot x_i(t) = \beta_i(X_i - x_i) \tag{2.5}$$

$$\ddot \phi_i(t) = \sum_{j=1,\,j\neq i}^{N} \mu_{ij}[\mu_{ij}(\phi_j(t) - \phi_i(t) - \varphi_{ij}) - 2(\dot\phi_i(t) - 2\pi\omega)]$$

$$\phi_i(t_k^+) = H_{\sigma(t_k^+)}^{-1}[H_{\sigma(t_k^-)}(\phi_i(t_k^-))],\dot\phi_i(t_k^+) = \dot H_{\sigma(t_k^+)}(\phi_i(t_k^+)) \tag{2.6}$$

$$\theta_i(t) = x_i(t) + r_i(t)H_\sigma(\phi_i(t)),t \in [t_{k-1},t_k) \tag{2.7}$$

式中:式(2.4)~式(2.6)描述了 3 个振子的摆幅、偏置和相位的动态过程;式(2.7)给出了基于摆幅、偏置和相位描述的振子的振荡过程;r_i、x_i、ϕ_i、θ_i 分别为第 i 个振子的摆幅、偏置、相位以及输出的摆动角度;φ_{ij} 为振子 i 和 j 之间的耦合相位差;ω 为振子的摆动频率;H_σ 为描述振子振荡的函数;μ_{ij}、α_i、β_i 均为系统参数,决定振子动态相应速度。CPG 控制器有以下独特的优点。

(1) 系统易于理论分析其稳定性以及动态过程。

（2）相比基于 Kuramoto 模型的振荡模型，该模型可以显示任意形式的振荡，以及各种振荡模态之间的平滑切换。

（3）线性系统易于在微处理器上实现。

详细稳定性和微处理器实现过程参见文献[56]。

2.2　动力学模型

2.2.1　Lighthill 细长体理论

细长体理论由 Lighthill[89] 于 1960 年首次提出,用于描述细长体小摆幅下的运动体在水中运动时,获得的推进力、阻力、游动效率等关键参数的估计。该模型广泛应用于估计真鱼和仿生机器鱼的运动的受力、运动以及效率等。模型主要讨论鱼体稳定游动下,摆动形成的推进力和游动受到的阻力相等,鱼体平均游动速度为 U,Lighthill 根据鱼体摆动状态的描述方程给出了小摆幅下向前的推进力,即

$$\overline{T} = \left[\frac{1}{2}\rho A(x) \left(\overline{\left(\frac{\partial z(x,t)}{\partial t} \right)^2} - U^2 \overline{\left(\frac{\partial z(x,t)}{\partial x} \right)^2} \right) \right]_{x=l} \tag{2.8}$$

式中:$(\cdot)$ 为一个摆动周期下的均值;ρ 为水的密度;l 为鱼体的长度;$A(x)$ 为面积量纲的参数,流体上成为虚拟质量 m,表达为

$$A(x) = \frac{1}{4}\pi S_c^2 \tag{2.9}$$

式中:S_c 为鱼体尾鳍的弦长。进一步对于无黏性系统中,鱼体游动受到的阻力估计为

$$D = \frac{C_D \rho U^2 S}{2} \tag{2.10}$$

式中:C_D 为实验中的阻力系数;S 为鱼体摆动的截面积。当阻力和推力平衡后,游动速度可以估计为

$$U = \left[\sqrt{ \frac{m \overline{\left(\frac{\partial z(x,t)}{\partial t} \right)^2}}{C_D \rho S + m \overline{\left(\frac{\partial z(x,t)}{\partial x} \right)^2}} } \right] \tag{2.11}$$

因此,根据 Lighthill 的细长体理论,鱼体按照鱼体波方程描述摆动时,鱼体稳定后的平均游动速度可由式(2.11)估计获得。

为了能够进一步使得 Lighthill 的理论应用到鱼体倒游的动力学过程,文献[91] 给出了基于不动点理论的动力学描述,通过不动点的描述给出了鱼体向

前、向后的不同运动速度。

基于不动点的运动学方程描述如式(2.3)所述,根据不动点,可以将鱼体分为两部分,鱼头摆动部分和鱼尾摆动部分,分别对这两部分利用 Lighthill 的细长体理论,可以获得

$$\overline{T_1} = \left[\frac{m_1}{2} \left(\overline{\left(\frac{\partial z'(x,t)}{\partial t} \right)^2} - U^2 \overline{\left(\frac{\partial z'(x,t)}{\partial x} \right)^2} \right) \right]_{x=0} \tag{2.12}$$

$$\overline{T_2} = \left[\frac{m_2}{2} \left(\overline{\left(\frac{\partial z'(x,t)}{\partial t} \right)^2} - U^2 \overline{\left(\frac{\partial z'(x,t)}{\partial x} \right)^2} \right) \right]_{x=l} \tag{2.13}$$

当平均合力$\overline{T_1} + \overline{T_2}$为负值时,表明尾部摆动获得的向前推进力大于鱼头摆动形成的向后的推进力,仿生机器鱼向前运动,游动速度估计为

$$U = - \sqrt{\frac{m_1 \left\{ \overline{\left(\frac{\partial z'}{\partial t} \right)^2} \right\}_{x=0} - m_2 \left\{ \overline{\left(\frac{\partial z'}{\partial t} \right)^2} \right\}_{x=l}}{C_D \rho S + m_1 \left\{ \overline{\left(\frac{\partial z'}{\partial x} \right)^2} \right\}_{x=0} - m_2 \left\{ \overline{\left(\frac{\partial z_2}{\partial x} \right)^2} \right\}_{x=l}}} \tag{2.14}$$

相反地,当平均合力为正时,仿生机器鱼会倒游,平均游动速度估计为

$$U = \sqrt{\frac{m_1 \left\{ \overline{\left(\frac{\partial z'}{\partial t} \right)^2} \right\}_{x=0} - m_2 \left\{ \overline{\left(\frac{\partial z'}{\partial t} \right)^2} \right\}_{x=l}}{- C_D \rho S + m_1 \left\{ \overline{\left(\frac{\partial z'}{\partial x} \right)^2} \right\}_{x=0} - m_2 \left\{ \overline{\left(\frac{\partial z'}{\partial x} \right)^2} \right\}_{x=l}}} \tag{2.15}$$

另一种特殊情况下,平均合力为 0,则鱼体会表现为原地摆动挣扎,既不会向前游动也不会向后游动。

2.2.2 基于准定常升力理论的模型

准定常理论是针对稳流或准稳流(Steady or Quasisteady Flow)提出的一种估计摆动翼在流体中摆动所获的升力(Lift)和阻力(Drag)的理论。升力定义为垂直于摆动翼方向的作用力,而阻力描述的是平行于摆动翼方向的受力。当摆动翼在大的雷诺数(Renolds)下摆动时,单位面积的升力和阻力可以由如下方程估计,即

$$L = \frac{\rho C_L U^2}{2} \tag{2.16}$$

$$L = \frac{\rho C_D U^2}{2} \tag{2.17}$$

式中:C_L 和 C_D 分别为升力系数和阻力系数,均为无量纲数。系数取决于摆动翼的形状、系统雷诺数的大小以及机翼的攻角。若已知系统的攻角、鱼鳍摆动的方

程以及假设鱼鳍表面近似由多个叶片元素构成,那么,可以通过叶元素方法(Blade-element Method)估计获的鱼体摆动形成的推力和阻力。文献[120]给出了具体应用该方法估计胸鳍摆动形成的推力、阻力以及游动效率。

2.2.3 CFD 方法

CFD 是流体力学的一个分支,借助数值分析和数据结构方法来研究流体中的问题。利用计算机计算和仿真流体在有限空间内的相互作用情况,从而获得相应的受力估计。CFD 方法的基础是 N-S 方程(Navier-Stokes Equations),这是广泛应用在单相流体的基础理论。这里单相流体是指流体为纯液体或纯气体而不是混合体。由于 CFD 假设流体由近似无数的粒子构成,通过计算粒子间的相互作用从而获得整体的流体受力,因此,CFD 方法需要消耗大量的计算资源,但是相比理论模型的分析,可以获得详细的流体间的相互作用,如表现出鱼体摆动后形成的瞬时涡街形态。对于仿生机器鱼,通过摆动和外界流体作用从而获得向前的推进力,CFD 方法也广泛应用在仿生机器鱼摆动形成的推进力和阻力的估计上。文献[121]给出了利用 CFD 建立了一个双关节仿生机器鱼的摆动体,通过大量计算分析了鱼体不同推进模态下的受力情况,并与理论分析结果进行对比,验证了该方法的有效性。值得一提的是,通过 CFD 方法,发现了使仿生机器鱼倒游的摆动模式,为进一步的实验给出了方向性的指导。

2.2.4 PIV 方法

PIV 是一种基于光学的流动显示(Flow Visualization)技术,广泛应用于流体系统的研究中。通过对流体中撒上特殊的细小尺寸荧光粒子,这样粒子会随着流体运动,通过激光照射特定的流体截面,从而获得粒子在该截面的运动轨迹。进一步通过分析粒子的运动图像,获得粒子的瞬时运动速度和方向,估计获得该截面上流体的流动趋势。通过 PIV 技术可以获得瞬时的鱼体摆动后留下的尾涡形态以及相应的物理特性。根据 Milne-Thomson 原理[122],可以估计获得单个涡街的平均冲量,即

$$I = \rho \Gamma A \tag{2.18}$$

式中:ρ 为流体的密度;Γ 为流体平均环量,可以通过对涡环上的切向速度积分获得,即

$$\Gamma = \oint \boldsymbol{V}_T \mathrm{d}\boldsymbol{l} \tag{2.19}$$

式中:$\mathrm{d}\boldsymbol{l}$ 为圆环上的微分单元;$\boldsymbol{V}_T$ 为相应位置的切向速度。A 表示包含涡环的一个椭圆区域,可以由涡环半径 R 和尾鳍高度 s 表示为

$$A = \frac{\pi Rs}{2} \tag{2.20}$$

进一步结合涡街对相对水平面的夹角 α（图 2.9），可以获得鱼体前进方向的平均力 T_{forward} 为

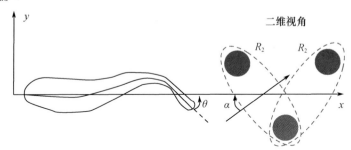

图 2.9　鱼体游动形成的反卡门涡街对示意图（摘自文献[93]）

$$T_{\text{forward}} = I \cdot \omega \cdot \cos\alpha \tag{2.21}$$

此外，通过 PIV 还可以分析获得鱼体周围的压力场，通过估计瞬时压力场对鱼体表面的作用力可以估计鱼体摆动获得的推力和阻力。文献[42]通过 PIV 分析了七鳃鳗（Lampreys）和水母（Jellyfish）的运动后形成的压力场，发现鱼体可以通过自身摆动形成前缘吸力，从而获得较高的游动效率。

第3章 仿箱鲀机器鱼

3.1 仿生对象——箱鲀

历经大约 5 亿年生物进化,鱼类种类众多,形态各异。现存鱼类都有它存在的道理。自然界的箱鲀因其独特的外形和卓越的灵活性引起了我们的研究兴趣。如图 3.1 所示,箱鲀(又称盒子鱼)主要生活在海底多礁的热带海域,广泛分布于印度洋、太平洋和大西洋的热带和亚热带海域,多栖息于热带沿岸区,以藻类与小型底栖动物(如海鞘、海绵及软珊瑚等)为食,体表可分泌毒液,起保护作用。

背鳍　尾鳍

胸鳍　臀鳍

(a)　　　　　　　　　(b)

图 3.1　自然界的箱鲀

(a) 黄斑箱鲀;(b) 箱鲀的鳍肢分布。

箱鲀的身体被硬鳞所披覆,只有鳍、口和眼睛可以动,外形像盒子一样,有棱有角。其运动完全靠身体上多个鳍肢的摆动产生。箱鲀的外形看似会受到很大的阻力,而事实上能在水中灵活自如地游动,且游动效率与常见的流线型的鱼类相当[123]。受此启发,著名的汽车制造公司奔驰公司,以箱鲀的外形为参考,设计了一款仿生外形的汽车[124],如图 3.2 所示。最后的风动实验表明,该车的风阻系数只有 0.06,远小于其他外形的车辆,因此有效降低油耗。

箱鲀看似笨拙的外形却在游动灵活性、减阻机制和游动效率等方面有着卓

图 3.2　奔驰公司借鉴箱鲀外形生产的汽车

越的性能,揭开箱鲀游动的奥秘不仅具有重要的生物学意义,还可为仿生机器人的设计提供指导。早期研究表明,箱鲀独特的身体结构使其有良好的自稳定性[125]。但灵活性和稳定性是一对矛盾体,箱鲀如何兼顾机动性和稳定性一直以来也是一个未解之谜。最新发表在 *Nature* 杂志上的文章初步揭示了这一奥秘[126, 127]:箱鲀头部突出的嘴结构能对鳍肢产生的作用力进行放大从而保证运动灵活性,而鱼体的龙骨结构可使鱼身两侧后部自动产生稳定鱼体运动的涡流。由于箱鲀实验标本(圈养箱鲀和野生箱鲀)一般难以获取和喂养,无论在游动性能、减阻机制还是智慧评估方面,人们对箱鲀的认识还处在初步阶段。如果利用现有机械、电子、传感器和控制等技术开发一个仿箱鲀机器鱼系统并开展系统的研究,有重要的理论及实际意义。一方面,基于仿箱鲀机器鱼的推进机理和运动控制的研究将有利于理解和揭示箱鲀高效游动的奥秘;另一方面,仿箱鲀机器鱼作为一种新型无人潜航器,很可能比以往的无人潜航器有更好的灵活性、机动性、隐蔽性和高效性,在空间狭窄和地形复杂的水下环境中也将发挥更好的作用。

综上所述,研制新型的仿箱鲀机器鱼,不仅具有很好的理论意义,还在海洋探测、军事应用和新型无人潜航器开发等领域都有重大应用价值。本章将对仿箱鲀机器鱼的软硬件系统设计和基本的运动控制做一详细介绍。

3.2　机械设计

机械设计对机器人至关重要,有了合理的机械结构和骨架,机器人才能灵活地运动,有足够空间携带驱动装置、传感器和电路等元器件。箱鲀的独特外形是经过亿万年的自然选择进化而来的,具有诸多优势。因此,在设计仿箱鲀机器鱼时,应尽量保持箱鲀的外形特征,以继承箱鲀鱼的优势。自然界成年箱鲀体长约为 10cm,考虑到现有驱动装置的尺寸和传感器的布局,仿箱鲀机器鱼与真实箱鲀的尺寸比为 4:1,即最终所设计的仿箱鲀机器鱼体长为 40cm。

3.2.1　外形设计

在进行机械设计之前,先对机械设计所用的软件进行介绍。随着技术的发展,计算机辅助设计(Computer Aided Design, CAD) 技术已在电气/机械/建筑等领域的工程实践中广泛应用,并帮助工程师们便捷、高效地进行各种设计。在CAD 技术出现之前,工程师都是在二维图纸上进行机械设计的,要求他们必须有丰富的空间想象力和工程绘图经验,效率非常低,大量的时间耗费在了图纸的绘制上,而不是设计本身。这种传统设计方法非常不直观,难以进行修改。有了CAD 技术,机械设计便从二维跨入了三维,工程师从二维草图开始设计,计算机负责将二维草图按用户要求转换成为三维实体,还能任意地拖动、旋转、修改、复制实体,为工程师节约了大量的时间,使他们可以专注于机械设计本身,并且实现了所得即所想的三维实体的直观交互方式。

目前,在机械设计领域常用的 CAD 软件包括 CATIA、UG、ProE、SolidEdges、CAXA、Inventer、SolidWorks 等。其中,Solidworks 是世界上第一个 Windows 平台下的 CAD 设计软件,被世界各国的工程师广泛使用。其三大特点是功能强大、易学易用和技术创新,其友好的交互界面使得任何一个熟悉 Windows 的用户都能很快地掌握其操作方法。使用 SolidWorks 进行 CAD 设计主要包括 3 个步骤:第一,创建草图,一般来说为二维草图,草图一般为三维实体的一个视图,或者能够用来确定三维特征的一些约束图形;第二,用草图生成三维实体,SolidWorks包含了大量从二维草图到三维实体的特征建立方法,如拉伸凸台/基体、切除、扫描、放样、抽壳、拔模等;第三,将第二步中创建好的三维零件进行装配,形成装配体。

下面以箱鲀为例,讲述如何用 SolidWorks 进行仿箱鲀机器鱼的外形设计。3.1 节中,我们介绍了箱鲀外形的优越性,因此,在设计过程中,应尽量保持它的外形,即与箱鲀的外形越像越好,以继承箱鲀的优点。因而,外形建模的第一步便是获得自然界箱鲀的外形特征及关键尺寸参数。在调研好箱鲀的尺寸参数后,便可在 SolidWorks 中建模。不同于其他的机械零件,仿箱鲀机器鱼的外形是一个完全不规则的形状(极为复杂的曲面),因而,不能从传统的二维草图生成三维实体。我们可以 SolidWorks 的三维草图功能实现对复杂不规则曲面的建模。Solidworks 的三维草图功能使用起来与二维草图类似,只不过三维草图中允许用户在三维空间中画出实体的参数特征,进而生成三维实体。在 Solidworks 中,创建三维草图的方法也很简单,可以在"插入"菜单中找到"三维草图"选项,点击即可进入绘制界面,绘制方法与二维草图相同,唯一的区别是所有的点与线都可以画在三维空间的任意位置。图 3.3(a) 展示了仿生机器箱鲀外形的三维草图。

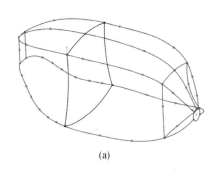
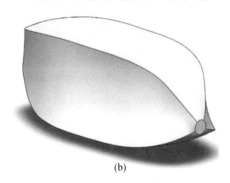

(a)   (b)

图 3.3   外形设计

(a) 三维草图;(b) 外形实体示意图。

该三维草图用一些简单的线条描绘了箱鲀的外形特征,在鱼体的纵向方向,三维草图上主要是确定了箱鲀脊骨的走向。在鱼的横向方向,从鱼头到鱼尾,一共选取了 4 个截面,便可以与纵向特征一起完全约束鱼的外形。接下来的工作就是由三维草图通过特征生成三维实体。这里,我们选择了放样特征生成方式。放样是将一个二维形体对象作为沿某个路径的剖面形成复杂的三维对象。同一路径上可在不同的段给予不同的形体。将三维草图经过放样后得到的三维实体如图 3.3(b) 所示。

经过了前面的步骤,仿箱鲀机器鱼的雏形已基本形成,但是机械设计还远远没有结束。还需要将实体切成两半,进行抽壳,才能将其打开并放置各种电气、动力等元器件和支撑它们的内部机械元件。还需要设计螺钉孔和螺纹孔以便组装时固定两部分壳体。鱼壳上根据动力元件的布置,也需要设计相应的孔位以便装配动力输出轴。最后,对水下机器人来说,还有一项非常重要的问题——防水。因此,在上下壳结合处还需该设计放置防水 O 圈的凹槽,O 圈依靠上下两壳的压力密封,起到防水的效果。仿箱鲀机器鱼的外壳最终如图 3.4 所示。

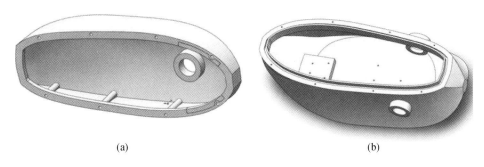

(a)　　　　　　　　　　　　　　　　(b)

图 3.4　壳体设计
（a）上壳体；（b）下壳体。

3.2.2　内部结构设计

仿箱鲀机器鱼的内部结构设计主要分为动力部分和非动力部分。

动力部分包括舵机固定架和胸鳍、尾鳍动力输出传动机构。胸鳍舵机固定架采取分离式设计，配合直槽口的使用，可使舵机在两个方向上位置可调，解决了装配时齿轮配合的问题，如图 3.5 所示。

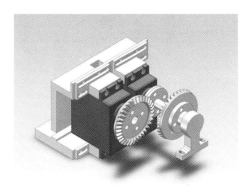

(a)　　　　　　　　　　　　　　　　(b)

图 3.5　胸鳍舵机固定架结构
（a）实体装配图；（b）结构爆炸图。

舵机固定架后方的开口是为了让出舵机线，顶部的开口是为了在装配时工具方便进入。如图 3.5（a）所示，舵机所连接的齿轮采取了对立式分布，可以节省横向距离。由于仿箱鲀机器鱼从前游模态切换到倒游模态的同时，还要保证游动的持续性，而舵机的角度行程约为 $180°$，需要 2.5 : 1 以上的传动比才能满足上述条件。由于在满足强度要求最小的锥齿轮模数为 1，齿数为 14，故大端锥齿轮的模数为 1,齿数为 35。综合考虑下壳体空间后,决定采用对立分布式设计。这样会使得一边的锥齿轮固定在悬臂梁的连接器上,在极端受力情况下可能会使连接器弯曲变形,影响锥齿轮的正常工作。我们通过理论计算评估这一弯曲变形。从理论计算可得,这一弯曲变形并不大,但理论计算时未考虑舵机输出轴的小法兰以及螺钉连接的强度,故保险起见,在末端做一支撑,具体爆炸结构如图 3.5(b) 所示。

舵机的动力经过锥齿轮的传递需要输出到鱼体外,需要通过图 3.6 所示的机构。

其中,结构爆炸图如图 3.6(b) 所示,零件从左到右依次是:小端锥齿轮、输出轴、轴承、挡圈、轴承、套筒、动密封圈、端盖。输出轴的受力情况类似悬臂梁,两个轴承可以缓解一定的压力。套筒内部分为左右两个部分,左边主要用作固定轴承与轴,右边主要用作防水。

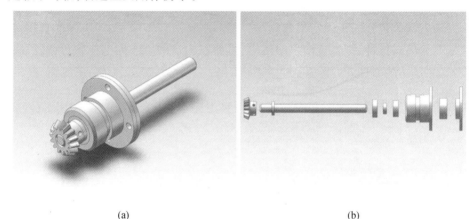

(a)   (b)

图 3.6 胸鳍动力输出传动机构
(a) 实体装配图;(b) 结构爆炸图。

尾鳍舵机固定架与动力输出传动机构较胸鳍部分简单很多,如图 3.7 所示。

图 3.7(b) 的零件从上到下依次是:端盖、动密封圈、挡圈、轴承、输出轴、连接器(非加工)、舵机、舵机固定架。舵机固定架下端采用前大后小的设计,一是为了适应鱼体后部的空间,二是为了电气部分让出空间。由于尾鳍的输出轴基本只受扭矩,故一个轴承可以满足要求。

非动力部分主要是各类传感器的固定架,包括红外传感器、图像传感器、惯性测量单元(Inertial Measurement Unit, IMU)和电池的固定架,如图 3.8 所示。

其中,红外传感器固定架上下的开口是为了让出传感器接线的空间,采用直槽口的形式固定,前后位置可调。图像传感器固定架的设计综合考虑了内部空

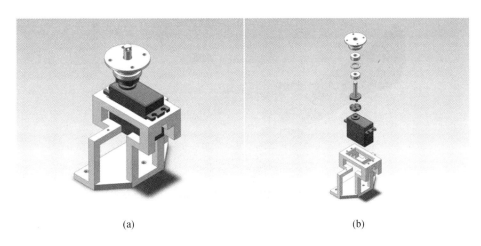

(a)　　　　　　　　　　　　　　　　(b)

图 3.7　尾鳍舵机固定架结构

（a）实体装配图；（b）结构爆炸图。

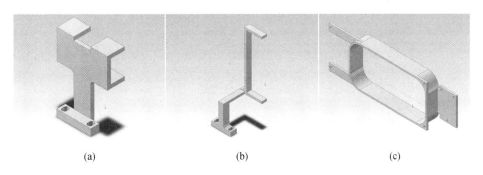

(a)　　　　　　　　　　(b)　　　　　　　　　　(c)

图 3.8　非动力部分固定架结构

（a）红外传感器固定架；（b）图像传感器固定架；（c）IMU 和电池固定架。

间,上壳体内窥口的视角影响等因素,传感器被固定在对立分布齿轮的中间,空间上非常紧凑。IMU 和电池固定架上,电池选用了 8 节一组的镍氢电池,嵌在固定架中间,IMU 固定在右边的平台上。整个固定架前段固定在胸鳍舵机固定架上,后端固定在尾鳍舵机固定架上。这样设计既考虑了质量分布,也为电气元件让出空间。

3.2.3　整体结构

如图 3.9 所示,所设计的仿箱鲀机器鱼包括一个刚性主舱体、一对胸鳍和一个尾鳍[5, 12, 25, 28, 29, 31]。

主舱体外形和真实箱鲀具有很高的高相似度,分为上下两个壳体。上壳体采用 ABS 材质,下壳体采用 6061 铝材质,便于固定驱动装置和传感器。其内部

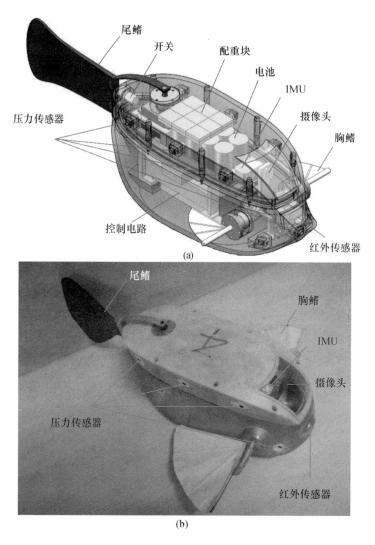

图 3.9　机构和硬件布局

（a）总体设计图；（b）实物图。

结构如图 3.10 所示。

　　每个鳍肢具有一个自由度，由固定在主舱体内的伺服舵机所驱动。舵机的往复旋转运动由专门设计的动密封结构输出到主舱体外，保证驱动输出机构的防水性。身体两侧的胸鳍转轴各连接一个外形仿生的胸鳍，尾部转轴通过连接杆与一个新月形尾鳍连接。尾鳍的转动范围为 ±90°，而胸鳍的转动范围由减速比为 2.5∶1 的齿轮副扩大到 ±225°，这样仿箱鲀机器鱼可使用胸鳍实现倒退。

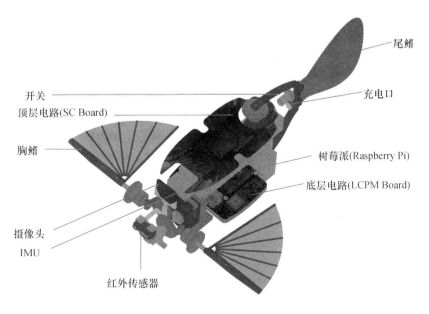

尾鳍

充电口

开关
顶层电路(SC Board)

胸鳍

树莓派(Raspberry Pi)

底层电路(LCPM Board)

摄像头
IMU

红外传感器

图 3.10　内部机构安置位置示意图

上下壳体前端有两个透明天窗。其中,上天窗为摄像头提供视窗,下天窗为红外传感器提供视窗。

仿箱鲀机器鱼的运动是通过和水的相互作用产生的。除了受鳍肢施加的控制力外,很大程度上也受到重力和浮力影响。重心太低不利于仿箱鲀机器鱼的俯仰和翻滚,而重心太高会导致不稳定,增加控制难度。因此,仿箱鲀机器鱼重心与浮心在设计时需重点考虑,兼顾游动时的稳定性和灵活性。重心和浮心的计算主要通过 Solidworks 进行。

(1)浮心。通过 Solidworks 提供的有限元评估功能完成。在 Solidworks 中,只要指定实体的材料,就可以方便地计算出实体的各集合参数,包括重心。在计算浮心时,由于机器鱼是完全没在水中的,只需要将机器鱼外壳看成实心均匀实体即可,此时计算出来的重心就是浮心。

(2)重心。先指定各结构模块的材料,Solidworks 会根据材料密度计算材料质量,进而得到整个仿箱鲀机器鱼的质量分布。一些无法制定材料的部件,如电路板和传感器等,则需将其重量手动输入到 Solidworks。

经过计算和布局的调整,使重心和浮心在一条垂线上,且重心略低于浮心。这样既保证了仿箱鲀机器鱼的稳定性,也便于控制。计算得到的重心和浮心的差距是非常小的,可认为它们是基本重合的,这一结果非常理想。重心太低会导致仿箱鲀机器鱼太过稳定,不利于做滚转机动;相反,重心比浮心高太多,会导致横向不稳定,容易侧翻,增加了控制的难度。重心与浮心基本重合,则在机动性和稳定性之间取了一个平衡点,这更利于对仿箱鲀机器鱼的控制。另外,通过调节内部配重块的位置,可使浮心与重心同处一个 YOZ 平面内。仿箱鲀机器鱼的技术参数如表 3.1 所列。

表 3.1　仿箱鲀机器鱼的技术参数

条目	参数
尺寸(长×宽×高)	400mm×140mm×142mm
总质量	3.1kg
驱动器	直流伺服电机(12.9kg·cm)
传感器	摄像头、IMU、压力、红外、电流、电压及温湿度传感器
电源	9.6V 可充电式镍氢电池
控制器	Raspberry Pi 及 STM32F103
运行时间	5h
控制模式	自主式/远程无线控制
最大游速	1.0BL/s

下面对仿箱鲀机器鱼的推进机构做一介绍。其胸鳍动力机构如图 3.11(a)所示。

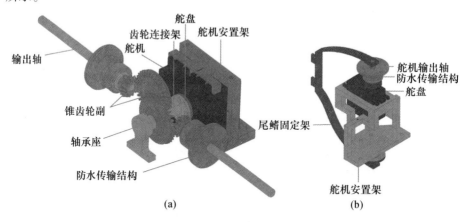

图 3.11　推进装置结构图
(a)胸鳍动力机构;(b)尾鳍推进机构。

胸鳍舵机采用分离式安置,同时采用直槽口结构以使得舵机在安装时位置可调,避免壳体内部固定孔定位不准引起的问题。由于下壳体空间有限,舵机齿轮采用对立式分布。舵机角度行程只有180°,这里采用2.5∶1的齿轮传动比,以使舵机产生大于360°的旋转空间,保证仿箱鲀机器鱼的倒游能力。大小齿轮分别采用齿数为 40 和 16,模数为 1 的标准的直齿圆锥齿轮。胸鳍动力输出机构采用动密封的设计,密封件选用唇形密封圈。胸鳍动力输出轴与仿生胸鳍相连接。仿箱鲀机器鱼的尾鳍设计如图 3.11（b）所示。尾鳍动力输出机构同样采用动密封的设计,密封件选用唇形密封圈。

3.2.4　仿生鳍的制作

鳍是鱼类的重要器官,它是鱼在水中游动的动力作用来源之一,并且可以保持鱼的平衡。鳍由排列在脊柱两侧的对称肌肉驱动,其中一侧肌肉收缩,另一侧肌肉伸展,鳍得以顺利摆动,产生推动力。鱼体上多处地方都有不同种类的鳍,起到不同的作用。

虽然自然界中鱼类的鳍运动灵活,但将其机构复制到仿生机器鱼上绝非易事。首先,鳍为由肌肉驱动的柔性器官,相当于无穷多的自由度,而通过机械材料达到相同的柔性、一样多的自由度几乎是不可能的。对于一个完全驱动的机械结构来说,它的自由度是有限的,而且不可能达到特别大。其次,自然界中的鱼普遍具有多个鳍,而在仿生机器鱼上也配备如此多的鳍,势必将引入更多的电机、传动机构、控制电路,这将大大增加设计难度,因而,必须对这些鳍进行适当的简化。我们仅考虑对箱鲀运动起最关键作用的鳍:一对胸鳍和一个尾鳍。为了模拟鱼鳍产生的推动力,还必须将鳍加以简化、抽象,用机械容易实现的运动（如转动、直线运动）模拟鳍的摆动。尾鳍由一个舵机驱动,舵机输出轴连接一个尾鳍固定架,尾鳍便固定在这个固定架上。游动时,舵机来回摆动,带动尾鳍左右摆动,从而产生推动力。仿生胸鳍则对箱鲀鳍做了较大的简化和抽象。真实箱鲀的胸鳍自由度特别多,能够灵活实现各种运动。我们设计的仿生胸鳍仅有一个自由度,模拟真实箱鲀胸鳍的推动力。每个胸鳍都由一个舵机驱动,舵机通过 1:2.5 的齿轮传动驱动仿生胸鳍上下摆动,通过调节仿生胸鳍的摆动偏移值（攻角）,仿生胸鳍可以产生上浮力和下潜力,从而让仿箱鲀机器鱼拥有三维运动能力。

除了驱动方式的设计与选择,鳍的形状也是影响仿生鳍推进效能的一个重要因素,为了更好地描述一个鳍的形状,我们定义描述仿生鳍形状的以下几个关键参数。

（1）面积。实验证明,鳍摆动所产生的推力与面积在一定范围内成正相关。但这并不意味着它的面积越大越好,当面积超过一定范围时,推力也会减小。

（2）展弦比。鳍的宽度与平均几何弦之比,可以用以下公式来表示,即

$$\lambda = \frac{l}{b} = \frac{l^2}{S} \tag{3.1}$$

式中：l 为鳍的宽度；b 为平均几何弦长；S 为面积。

（3）鳍型。鳍的特征形状。图 3.12 展示了不同的鳍型。

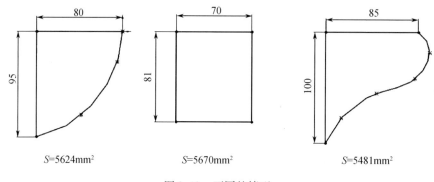

图 3.12　不同的鳍型

除了以上介绍的 3 个参数，影响鳍推动力的还有鳍的刚度，它表征着物体遇到外加施力时发生的形变的大小。至于这些参数该如何选择能让仿生鳍的推动效果最好，需要通过理论分析、计算或反复的实验测试揭示。

在仿生鳍的材料选择上，为了让它有一定的柔度，并像真实箱鲀鳍一样轻、薄，可采用橡胶材料制作，亦可采用碳纤维棒加上塑料蒙皮的方式制作。其中，碳纤维棒可仿生真实鳍中的鱼骨，而用塑料蒙皮则可仿生真实鳍的薄膜。

3.3　电气系统设计

3.3.1　总体设计

设计仿箱鲀机器鱼的初衷是期望它能在复杂水环境下执行任务，要求它具备较高的自主计算能力，还能携带多种传感器，以便对自身状态和外界环境实进行时感知并做出快速反应。我们选用树莓派作为它的主控制器，负责图像处理、自主定位等高级处理任务。另外，还配备了 3 个 STM32 单片机作为协控制器，分别负责传感器信息采集、预处理和水下通信，游动模态控制与电源智能管理以及运动状态的实时计算。仿箱鲀机器鱼电气系统如图 3.13 所示。其中，感知与通信电路板（SC Board）、运动控制与电源管理电路板（LCPM Board）均依照鱼体内部结构采用异型布局，以最大程度地利用仿箱鲀机器鱼的内部空间。

仿箱鲀机器鱼电气系统包含多个功能模块，对电源的要求并不一样。舵机运转需要较大的电流，将导致电源电压产生较大幅度的波动。单片机和传感器等则要求电源应尽可能稳定。因此，舵机动力电路应与控制电路隔离供电。通

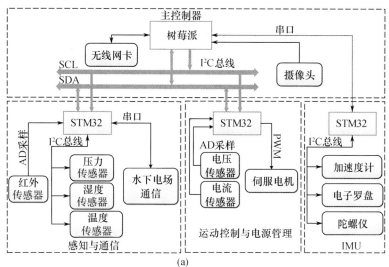

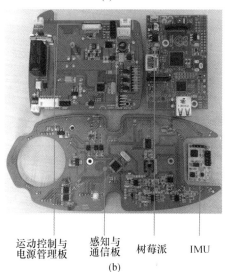

图 3.13　电气系统图

（a）电气系统框图；（b）电路板。

常会考虑将动力电路和控制电路分别使用不同的电池供电,但仿箱鲀机器鱼的内部只有放置一组电池的空间,因此,采用 DC – DC 隔离电源方案。

具体来讲,所采用的 9.6V 镍氢电池一路通过 DC – DC 隔离电源,为控制电路提电。另一路直接通过降压芯片为舵机供电。DC – DC 隔离电源方案将控制电路的弱电系统与动力电路从电气上完全隔离,保证了整个电路系统的稳定性。

仿箱鲀机器鱼可使用两种工作模式:自主模式和远程控制模式。在自主模式下,它完全自主运行,通过传感器对外界环境和自身状态进行实时评估、分析、处理,综合判断并对外界环境做出反应,该模式对仿箱鲀机器鱼的处理平台提出了很高要求。远程控制模式下仿箱鲀机器鱼上的处理器只负责采集并实时上传传感器收集到的数据,通过远端测控平台对数据进行分析、处理,再通过控制命令让仿箱鲀机器鱼执行相应动作,该模式常用于科学实验上,有助于提高效率。

3.3.2 主控制器——树莓派

仿箱鲀机器鱼的主控制器扮演着中央处理器的角色,需要具有强劲的性能和良好的稳定性。其软件系统也应便于二次开发。综上考虑,我们选择树莓派作为主控制器。树莓派价格低廉,其 CPU 为 ARM11,搭载 Linux 系统。ARM11处理器可在有限的功耗下保持良好的性能,开源的 Linux 系统也为软件编写提供了便利,如图 3.14 所示。

图 3.14　主控制器——树莓派

树莓派由注册于英国的慈善组织树莓派基金会开发,它于 2012 年 3 月由英国剑桥大学发售,是世界上最小的台式计算机,又称为卡片式计算机。其外形只有信用卡大小,却具有计算机的基本功能。树莓派基金会期望它能在发展中国家以及发达国家的多个领域应用,不断开发新的功能。树莓派是一款基于 ARM

的微型计算机主板,以 SD 卡为内存硬盘,卡片主板周围有两个 USB 接口和一个以太网口,可连接键盘、鼠标和网线,同时拥有视频模拟信号的电视输出接口和 HDMI 高清视频输出接口,以上部件全部整合在一张信用卡大小的主板上,只需接通显示器、鼠标和键盘,就能执行如电子表格、文字处理、游戏、播放高清视频等功能。仿箱鲀机器鱼目前采用的是第二代树莓派。

3.3.3　电源管理

供电单元主要对系统各功能模块提供电源,仿箱鲀机器鱼的动力由 8 节镍氢电池提供,每一节镍氢电池的电压为 1.2V,为仿箱鲀机器鱼提供 9.6V 的电压。镍氢电池作为系统的一次供电,接下来分成 3 路:一路供电压监测;一路供给 DC - DC 隔离电源;最后一路供给开关电源。其中镍氢电池通过 DC - DC 隔离电源后为感知单元和处理器提供电源,通过开关电源降压后为控制单元提供动力电源,如图 3.15 所示。

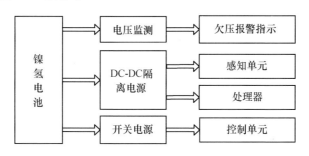

图 3.15　供电单元框图

首先,整个系统由电池供电,为保证系统正常工作,需要电池保持一定大小的电压,为实时监测电池的使用情况,使系统稳定工作,专门设计了电压监测电路,并预先设定好了电压监测阈值,当电压低于阈值电压时,会发出欠压报警,提醒使用者及时充电,否则,会损伤电池和内部电路。

其次,DC - DC 隔离电源能够把电池电压的波动影响降到最小。由于感知单元、处理器及控制单元功能各异,对电源的要求也不一致。感知单元有多种传感器组成,传感器一般都是检测比较微弱的信号,供电电压的波动会对检测产生非常大的影响。所以,感知单元对功率需求不大,对供电质量要求很高,要求电压纹波很小。仿箱鲀机器鱼的主控制器为集成了许多功能模块的树莓派,相应的功率增加很多,树莓派对供电的要求较高。实验发现,电压波动过大对树莓派上的网卡和 SD 卡影响很大,不能有效通信,严重时还会造成 SD 卡内部数据崩溃,不能启动系统。

使用 DC - DC 隔离电源的目的是把镍氢电池电源分成两路相互独立的电源。感知单元与处理器使用 DC - DC 隔离输出电源,控制单元使用开关电源降压后电源。控制单元的大电流会使得电压波动很厉害,如果使用的电源不隔离,将会影响感知单元和处理器的正常工作。DC - DC 隔离电源的功率选择需要从功率和体积上综合考虑。仿箱鲀机器鱼内部体积限制,DC - DC 隔离电源不能选用大尺寸的,必须在保证功率的前提下,尽量选择体积紧凑的。

最后,由于 DC - DC 隔离电源对输入电源范围有要求,有一个合适的输入电压,如果输入电压不合适,将会造成 DC - DC 隔离电源的效率降低,使 DC - DC 隔离电源发热严重。为了使 DC - DC 隔离电源高效率工作,综合考虑镍氢电池供电电压为 9.6V。舵机工作电压为 6V,如果把镍氢电池电源直接加在舵机上,将损坏舵机。同时,由于舵机工作电流很大,通过一般的稳压芯片降压将不能达到目的。开关电源的作用是把镍氢电池电压降到舵机工作电压,同时开关电源能够提供大电流。

3.4 感知系统设计

生物具有发达的感知系统,可对环境进行多维度感知并及时做出反应。类似地,传感器是仿箱鲀机器鱼的感知系统,包括惯性导航系统(姿态感知)、视觉感知、人工侧线感知、红外感知、温湿度感知和电源管理。通过感知系统,仿箱鲀机器鱼可获取准确可靠的环境和自身状态信息,分析信息并及时作出判断和决策。

3.4.1 姿态感知

IMU 是测量物体三轴姿态角、角速度以及加速度的装置,一般由三轴加速度计、三轴陀陀螺仪以及三轴电子罗盘组成。加速度计检测物体的加速度信息,陀螺检测物体的角速度信息,电子罗盘检测物体的地磁角信息。原理上,角速度积分便可获得仿箱鲀机器鱼的姿态信息。但陀螺仪的输出存在噪声,并且数据的离散化积分也会引入积分误差,最后导致计算得到的姿态角会发生漂移。为了准确地计算物体的姿态角,工程应用中一般需要加入加速度计和电子罗盘的输出信息。

仿箱鲀机器鱼上装载的自主研发的 IMU 如图 3.16 所示,它由 MPU6050(内部包含一个陀螺仪和一个加速度计)、LMC5883 地磁传感器和 STM32 单片机组成。陀螺仪的量程为 ±2000(°)/s,分辨率为 0.06(°)/s。加速度计的量程为 ±16g,分辨率为 0.5mg,g 为重力加速度。航向、俯仰和翻滚角的测量精度分别为 2°、1° 和 1°。IMU 通过标准串行通信接口将姿态角等信息发给仿箱鲀机器鱼的主控制器。IMU 有效地使仿箱鲀机器鱼时刻掌握自身运动状态,为水下任务的完成提供了关键信息。

图 3.16　自主研发的 IMU

3.4.2　视觉感知

机器人视觉是指利用计算机和图像捕捉装置实现人的视觉功能,从而达到对三维世界的识别。仿箱鲀机器鱼的视觉系统由 ARM11 处理器和 USB 摄像头组成,这里的 USB 摄像头就是图像捕捉装置,用来获取外部图像,并将捕捉到的图像信息传送到主控制器处理。外部环境的视觉感知要经历 3 个步骤:图像的获取、图像的分析和处理、控制输出和显示。仿箱鲀机器鱼通过体内的前置摄像头实时采集水下图像,进行相应的算法处理,实现目标识别,结合蒙特卡罗定位算法,实现水下自主定位。

水下图像具有低对比度、光线不一致、海雪等特点,造成针对水下视觉进行图像处理有很多固有的难度。基于 ARM11 的控制核心,能够实现对实体的较好控制;采用 Logitech C110 摄像头采集图像,如图 3.17 所示。利用形态学和 HSV 颜色空间,克服了水对于图像造成的各种畸变,能有效地识别出目标,进行相对距离与角度的计算。利用图像处理的结果,即识别出先前已知其位置的水

51

下目标,简化蒙特卡罗定位算法的模型,并将简化后的蒙塔卡罗定位应用于仿箱鲀机器鱼,实现水下自主定位。

(a)   (b)

图 3.17 Logitech C160 摄像头

(a) 外观图;(b) 内部构造图。

该摄像头外形小巧,是一款 CMOS 摄像头,物理像素 30 万,通过软件增强像素可以达到 130 万。较高的分辨率保证采集到的图像信息明亮清晰,便于识别。免驱动安装支持 USB 的即插即用,省去了 Linux 操作系统的驱动编写。仿箱鲀机器鱼图像处理和自主定位算法将在本文的第 7 章详细叙述。

3.4.3　侧线感知

侧线是鱼类和水生两栖类特有的感觉器官,与捕食、避敌、群游、生殖等行为密切相关[48]。鱼类依靠侧线感知栖息地的水动力特征。鱼类的侧线器官以分散在身体不同部位的神经丘为基础,在鱼类与周围水环境发生相对运动时感觉水流运动[9]。随着机器人技术的进步,人们希望机器人能完成更加复杂的任务,然而,水下环境复杂,水波噪声干扰严重,折射等光现象对水下机器人的运动、定位、环境感知有着强烈的干扰,特别是海洋这个极其复杂的水环境,具有深度差大、压力差大、温差大、含盐度高、洋流运动以及各种海洋环境噪声的特点。如何能克服这些不利因素,使仿箱鲀机器鱼能够感知周围环境,更加精准地完成复杂任务,是迫切需要解决的难题。对鱼类侧线的研究表明,学者们希望通过安装在水下机器人上的感知系统——人工侧线系统,模仿鱼类侧线器官对环境的感知,从而使水下机器人在水中达到类似鱼的灵活游动的效果。

仿箱鲀机器鱼的人工侧线系统主要由基于 STM32 单片机核心的 ARM7 处

理器采集系统和压强传感器感知系统组成。STM32 单片机实时对压强传感器感知到的数据进行采集,并通过集成电路总线(Inter – Integrated Circuit, IIC)技术,将采集到的数据发送到 ARM11 主控制器进行分析与控制。压强传感器对仿箱鲀机器鱼周围的压强实时感知,感受水动力的变化情况。多个压强传感器按照鱼体生态学结构安装组成传感器阵列模拟鱼体的侧线系统,实现对周围流体变化的感知。

压强传感器的选取要考虑的首要因素是传感器的防水性,还要考虑到传感器阵列的布置,此外,还期望压强传感器体积尽量小。性能方面,美国 Consensic 公司生产的 MEMS 防水型数字压强传感器 CPS131(图 3.18(a))是一款高品质电容式绝对压强传感器,其压强测量范围为 30 ~ 120kPa,还集成了温度补偿和 A/D 转换,最终输出数字压强值。

(a)　　　　　　　　　　　　　　　　(b)

图 3.18　压强传感器和测距传感器

(a) CPS131 压强传感器;(b)GP2D12 红外测距传感器。

高达 14 位的数字输出,保证精确的压强采集值。ⅡC 总线的支持,确保了多个传感器的挂载,便于数据的实时读取。小尺寸 6.2mm × 6.2mm × 2.88mm(长 × 宽 × 高)的规格,占用空间少,便于安装。

3.4.4　红外感知

红外传感系统是用红外线为介质的测量系统,由红外发射探头和红外接收探头组成,作为一种监测和通信装置,广泛应用于现代科技、国防和工农业等领域。仿箱鲀机器鱼的头部正前方装载了一个红外传感器作为测距感知系统,感知其与正前方障碍物的距离。搭载的红外传感器是 SHARP 的 GP2D12,如图 3.18(b)所示。传感器尺寸为 29.5mm × 13mm × 13.5mm(长 × 宽 × 高),空气中测距的有效范围为 0.8m,水中时测距缩短至约 0.4m。仿箱鲀机器鱼使用红外传感器可实现对水中障碍物的感知,进而躲避障碍物。

3.4.5 温湿度监测

防水是仿箱鲀机器鱼的稳定运行的基本保障,因此,实时监测内部的湿度环境非常必要。一方面,仿箱鲀机器鱼内部是密闭的,只能通过外壳体与外界进行温度交换。当仿箱鲀机器鱼长时间运行时,内部电路会产生较大热量。如果这些热量不能传递出去,电子元器件的温度会升高,导致系统不稳定。另一方面,为防止因电路模块异常导致仿箱鲀机器鱼体内温度的突然升高,因此,实时监控温度也十分必要。我们选用了名为 SHT21 的温湿度传感器监测仿箱鲀机器鱼内部的温湿度状况。当内部的温度或湿度发生异常时,STM32 单片机协处理器会直接切断电源,同时,记录异常情况下的数据以供使用者分析。

3.4.6 电源管理

电源的优化管理直接影响着系统性能和硬件使用寿命,因此,为仿箱鲀机器鱼设计了电源管理系统,如图 3.19 所示。

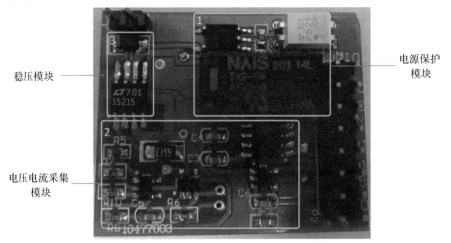

图 3.19　电源管理系统

该系统可实时监测并存储电池的电压和电流,分析电量消耗情况。当电压低于安全值或电流消耗大于正常设定值,系统将会自动切断电源,保护仿箱鲀机器鱼。舵机运转时,电源电压会产生较大波动。为避免电压波动对微处理器及电压电流芯片采集精度造成影响,采用电源隔离法检测电压和电流。

首先,电池经电阻分压进入电压采集模块。为了保证电压采集的精度,电路使用了电压跟随器。因此,电压采集电路由运算放大器 LMV321 以及高线性度光电耦合器 HCNR201 组成。HCNR201 具有 ±5% 的传输增益误差以及

±0.05% 的线性误差。电流采集模块采用线性电流传感器 ACS712,具有成本低、体积小、精度高且不易受电磁干扰等优点。电压测量的精度为供电电压的 1% ,电流测量的精度为供电电流的 1% 。

3.5　测控平台

仿箱鲀机器鱼的测控平台又称为上位机,其界面如图 3.20 所示,该平台可用于控制仿箱鲀机器鱼的参数显示、参数调节、速度测量、游态控制等。

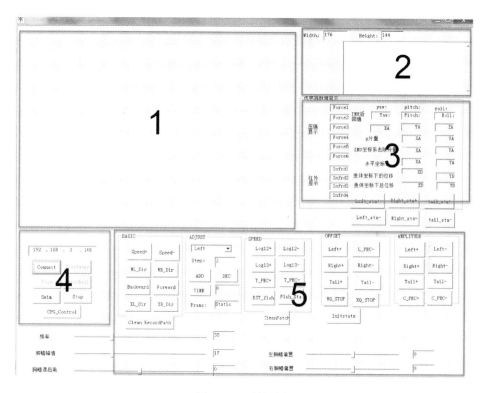

图 3.20　测控平台

测控平台主要由五大部分组成。

(1)图像显示区。仿箱鲀机器鱼的头部前端安装有一个图像采集摄像头,可以用来采集水中的图像信息,采集到的信息可以通过无线 Wifi 模块传到测控平台,在图像显示区域显示。

(2)状态显示区。该区域用来实时地显示仿箱鲀机器鱼的各参数和游动状态。

（3）传感器数据显示区。该区域主要用来显示仿箱鲀机器鱼上安装的传感器所采集到的数据,包括红外、压强和 IMU 数据。

（4）网络设置区。这里可以设置测控平台的 IP 地址,该地址必须同仿箱鲀机器鱼的 IP 地址相匹配;另外,还有部分按键用于调整仿箱鲀机器鱼的运动模态。

（5）参数控制区。仿箱鲀机器鱼的主要功能都集中在这个区域中,其中的按钮组要用来控制自仿箱鲀机器鱼的游动频率,左右胸鳍的偏移量、摆动幅度、相位差,尾鳍的偏移量、摆动幅度、同胸鳍的相位差等参数。

第4章　基于CPG模型的运动及姿态控制

自然界的生物经历了成千上万年的进化,其卓越的身体结构和运动能力吸引了学者们的关注。近年来,仿生学、材料、计算机、电子和制造技术的飞速发展也为新型仿生机器人的设计创造了条件。鱼类作为最具代表性的水生生物,常被作为水下机器人的仿生对象。模仿鱼类卓越运动性能的仿生运动控制机制成为设计仿生机器鱼的关键。其难点在于如何协调机器人的多个自由度以获得实时运动模式。

陆地和空中机器人的运动控制通常采用建模方法(Model Approaches)和正弦方法(Sine Approaches)。但是在水中游动的水下机器人涉及运动学和复杂的水动力学,在现有的研究基础上很难通过解析的方法建立精确的模型。因此,现阶段仿生机器鱼的运动控制皆建立在水动力学模型的简化上。国外学者Wu[39]、Lighthill[38, 40]和Videler[42]等基于鱼类游动时的水动力学研究,分别提出了"二维波动板理论""大摆幅细长体理论"和"薄体理论",为仿生机器鱼的动力学研究奠定了基础。20世纪80年代中后期,中国科学技术大学的童秉纲和程建宇博士采用半解析 – 半数值的方法,提出了"三维波动板理论",得到了国际上鱼类生物力学研究群体的广泛运用和认同[16]。

通过对鱼体纵向、横向和沉浮方向进行力学分析和计算,建立仿生机器鱼游动时的水动力学模型,采用几何非线性方法、在线反馈跟踪或离线运动规划等方法,对仿生机器鱼的运动控制策略进行研究,是当前主要的研究方法,该领域,国内外也出现了丰硕的研究成果[57 - 59]。

基于运动学模型的方法是通过经验观测鱼类游动时身体的形状曲线来产生机器鱼关节的摆角。鱼类行为学家研究表明,鱼类的推进运动中隐含着一种由后颈部向尾部传播的行波。受此启发,人们尝试从运动学的角度来研究鱼类的推进,以避免复杂的水动力学分析。国外对该种方法的研究起步较早。1960年,Lighthill[38]首次基于"小振幅位势理论"建立了分析鱼类鲹科推进模式的数学模型,这是鱼类推进模式研究历史上第一个关于鲹科推进模式的数学模型。1996年,美国麻省理工学院的Barrett等[128]通过实验研究,认为鱼体游动呈波动状态,鱼体波为一波幅渐增的正弦曲线,鱼体波波幅包络线具有二次曲线特征,鱼体波可以通过波幅包络线与正弦曲线的合成得到。

    鱼类的身体由多根脊椎骨相互连接而成,采用尾鳍推进的鱼类在游动时主要通过脊椎曲线的波动带动尾鳍摆动来产生推进力,仿生机器鱼通过模仿鱼类的推进机理实现游动,国内外很多学者致力于此方面研究,并取得了丰硕的成果。鱼类游动具有极高的推进效率,在研究鱼类的运动学模型时,如何借鉴鱼类运动得到一种高效的推进模式是十分有意义的。文献[129]提出了一种将描述鱼体稳定游动的周期性运动和描述鱼体身体形状改变的非周期性运动相分离的方法,对鱼的躯体运动进行运动学建模。文献[130]提出了多坐标系转换的运动学模型,为基于波动鳍推进模式的多鳍推进控制系统设计方案及水下机器人的仿生设计提供了一个新的思路和选择,但仅能对理想的仿鱼波动面进行运动描述。一些学者对非鲹科鱼类进行研究,通过观察其形态学特点,对运动学特性进行观测,并建立了相应的运动学模型[131-133]。

    总体来说,基于建模的方法采用生物或机器人的运动学或动力学模型设计机器人的运动控制机制。由这种方法得到的运动控制机制的性质依赖于模型的准确性,一旦所用的运动学动力学模型不够精确甚至错误,控制机制的性能将会恶化。另外,基于建模的方法的计算量比较大。基于正弦的方法采用简单的正弦函数产生推动机器鱼运动的行波。行波的传播速度通常大于机器鱼游动的速度,并朝着与游动方向相反的方向沿着鱼体传播。相比于基于建模的方法,基于正弦的方法具有较小的计算量,便于在线产生步态。基于正弦方法的另一个优点是:振幅和频率等重要的物理量能够被很清晰地表示出来,从而便于控制。然而,值得注意的是,在线修改正弦函数的参数将会产生不连续的控制信号,从而导致运动状态的突然变化。这不仅影响了运动的连贯性,对机器鱼的电机也是非常不利的。

    近年来,基于CPG的方法越来越多地用于各种类型的机器人及运动模式上。CPG是一种仿生方法,它是脊椎动物和非脊椎动物的运动神经回路的基本组成部分。CPG的一个主要特点是能够在缺乏高层命令和外部反馈的情况下自动产生稳定的节律信号,而反馈信号或高层命令又可以对CPG的行为进行调节[134-136]。基于CPG的方法已经用来控制四腿机器人、两栖机器人和水中机器人等[5, 13, 25, 61, 137-149]。

    Ijspeert提出了一种用于机器人运动控制的新颖的CPG模型。该模型是一个由耦合非线性振幅控制相位振荡器构成的系统。Ijspeert的模型并不是一个典型的生物系统,而是对生物运动模式在抽象意义上的模拟。不同于其他CPG模型,Ijspeert的CPG模型的极限环行为具有解析解,并且这个解清晰地表达了能够用来作为控制参数的频率、振幅和相位滞后等物理量。

    生物学家指出,鱼类的节律性游动也是由CPG产生的[150]。因此,引入CPG

控制机制可产生类似鱼类灵活自然的游动模态。CPG 行为可通过多种方法描述和模拟,如神经元模型[151]和非线性振荡器[13, 152]模型等。受 Ijspeert 模型的启发,我们期望获得一个更简单的机器人运动控制 CPG 模型。在 CPG 模型中,线性振荡器替代了 Ijspeert 模型中的非线性振荡器,且实验证明在模型参数变化时,线性振荡器能够使我们的模型获得与 Ijspeert 的模型同样的性能。此外,为了使 CPG 模型获得更好的动态性能,我们给出了模型结构参数的选择依据。我们做了一系列仿真及实物实验验证 CPG 模型以及运动控制方法,说明了此运动控制方法能够获得比较好的性能且便于应用。

运动控制是机器人执行路径规划、导航等众多任务的基础,也是水下机器人领域的研究热点之一[5, 60, 153, 154]。自 1994 年麻省理工学院成功研制出世界上第一条仿生机器鱼起,该领域历经了 20 多年的快速发展[24]。但受流体力学的限制,仿生机器鱼的动力学模型尚未完善,仅实现了与鱼类推进方式类似的游动模态。仿生机器鱼的位姿(位置及姿态)控制,尤其是三维姿态控制的研究成果仍非常有限。

当前,研究仿生机器鱼位姿控制主要包括以下两种思路。一是简化仿生机器鱼的动力学模型,设计控制器。2007 年,Morgansen 等学者[59]通过建立拉格朗日动力学模型,设计了仿生机器鱼的非线性控制器,对仿生机器鱼的航向角和深度实现了跟踪控制。2011 年,Deng 等学者[60]使用牛顿 – 欧拉方程建立了仿生机器鱼的动力学模型,将其简化为二阶线性系统,设计了比例—积分—微分(Proportion – Integral – Derivative, PID)控制器,实现了仿生机器鱼的翻滚角控制。二是采用对模型依赖度较低的控制器,如 PID 控制器等。2012 年,Yu 等学者[153]提出一种基于传感器反馈的航向角和俯仰角控制策略,实现了仿生机器海豚的前空翻和后空翻等高难度动作的控制。2015 年,Cai 等学者[155, 156]提出了一种基于 CPG 的模糊控制方法,实现了仿生机器鱼的滚转机动控制。2016 年,Yu 等学者[157]又提出了一种更加完善的、基于 PID 的控制策略,实现了对仿生机器海豚航向角、俯仰角和翻滚角的控制,使仿生机器海豚具备跃出水面这一高超技能。但该策略尚未实现对仿生机器海豚航向角、俯仰角和翻滚角的独立、同步控制。2016 年,Xie 等学者[158]提出了一种面向仿生机器鱼的改进式比例导引位姿控制算法,实现了对仿生机器鱼平面位置和航向角的高精度控制。通常,装配在仿生机器鱼上的仿生鳍自由度较少,很难实现三维姿态的独立、同步控制,据我们所知,相关的研究还未出现。

本章以仿箱鲀机器鱼为实验平台,研究它的三维姿态的独立、同步控制问题,实现了对仿箱鲀机器鱼航向角、俯仰角和翻滚角的独立、同步控制。本文虽然初步建立了仿箱鲀机器鱼的动力学模型,但动力学模型的简化仍是一个棘手的系统问题,目前并没有很好地解决。因此,本文使用系统辨识的方法以实验的方式初步确定机器鱼系统的传递函数,再设计较为常用的 PID 控制器来研究机器鱼的姿态控制问题。PID 控制器是解决现实世界中控制问题的一种普适和有效方法。具体控制方案是:尾鳍控制仿箱鲀机器鱼的航向角,一对胸鳍同时控制俯仰角和翻滚角。另外,本文创新性地采用 Kalman 滤波消除机器鱼姿态角度周期性振荡的测量误差,并结合积分分离算法,提出了针对仿生机器鱼系统的三维姿态控制框架。基于该三维姿态控制框架,在机器鱼上系统地开展了参考输入为阶跃,方波和正弦波的姿态跟踪实验。实验结果表明,该算法能保证机器鱼精确、独立和同步地跟踪参考输入下的航向角、俯仰角和翻滚角。

4.1 线性 CPG 控制器

4.1.1 CPG 模型

如图 4.1 所示,机器鱼的 CPG 控制器由 3 个相互耦合的振荡单元组成[5, 25]。每个振荡单元控制一个自由度,即机器鱼的一个鳍肢。每个振荡单元的数学表达为

$$\dot{a}_i = \alpha_i (A_i - a_i) \tag{4.1a}$$

$$\dot{x}_i = \beta_i (X_i - x_i) \tag{4.1b}$$

$$\dot{\phi}_i = 2\pi f_i + \sum_{j \in T_i} \mu_{ij} (\phi_j - \phi_i - \varphi_{ij}) \tag{4.1c}$$

$$\theta_i = x_i + a_i \cos(\phi_i) \tag{4.1d}$$

式中:a_i、x_i 和 ϕ_i 是 3 个状态变量,分别代表第 i 个振荡器的幅度、偏移量和相位;状态变量 θ_i 为振荡器 i 的输出;f_i、A_i、X_i 和 φ_{ij} 是 CPG 控制器的 4 个输入控制参数,分别代表振荡器 i 的输入频率、幅度、偏移量以及振荡器 i 和振荡器 j 之间的相位差;μ_{ij} 为调节振荡器 i 和振荡器 j 之间耦合度的常数;α_i 和 β_i 为影响 CPG 控制器收敛速度的常数,这里,设置 $\alpha_i = \beta_i = 20$,以保证耦合振荡器可快速收敛到设定振荡参数;T_i 为所有能对振荡器 i 产生影响的邻居集合。在本文中,下标 $i = 1$、2 和 3 分别代表机器鱼的左胸鳍、右胸鳍和尾鳍。

由于其在线计算和非线性特性,CPG 的运动控制方法与以往的曲线拟合法和正弦控制器等方法相比,有以下显著的优点:各关节的摆动可以平滑地适应和过渡参数变化引起的频率、幅度突变,从而实现平滑自然的速度调节;引入非线性系统提供 57 了抗瞬间扰动的能力。因此,这种基于生物 CPG 的控制方法可以实现步态间平滑切换,对参数突变和环境扰动具有很好的适应性,所以机器鱼

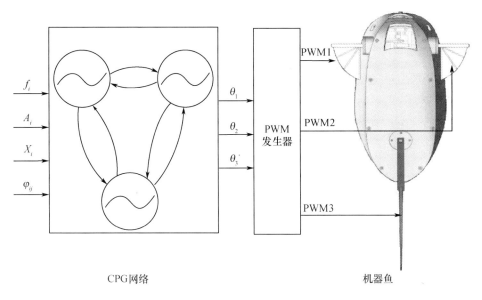

图 4.1　机器鱼的 CPG 控制网络

的运动控制可以使用 CPG 实现。现在主要阐述一下具体的算法实现是如何完成。式(4.1)是一个微分方程组。因此,必须对 CPG 模型离散化,才能在 STM32 微处理器上迭代地计算 CPG 的输出。机器鱼舵机的工作频率为 50Hz,即 $T = 0.02\text{s}$。本文使用欧拉差分法将式(4.1)离散化为

$$
\begin{cases}
a_i(n+1) = a_i(n) + T\alpha(A_i - a_i(n)) \\
x_i(n+1) = x_i(n) + T\beta(X_i - x_i(n)) \\
\phi_i(n+1) = \phi_i(n) + T\left(2\pi f_i + \sum_{j=1, j\neq i}^{N} \mu_{ij} a_j(n)(\phi_j(n) - \phi_i(n) - \varphi_{ij})\right) \\
\theta_i(n) = x_i(n) + a_i(n)\cos(\phi_i(n))
\end{cases}
$$

$$(4.2)$$

式中:n 为迭代次数。这样,微分方程就被转化成具有迭代形式的差分方程。单片机可通过定时器中断,每个周期计算一次相应的差分式。需要注意的是,μ_{ij} 的取值可能会引起 $\phi_i(n)$ 的发散。如何取得最优 μ_{ij} 是个值得探索的一个问题。

CPG 模型的优点是:当输入参数突然发生变化时,CPG 振荡器仍然可以平滑地收敛到新的极限环状态,并且过渡过程没有不连续。图 4.2 展示了 CPG 控制器对不同的输入参数变化时的快速平滑响应曲线,证明了 CPG 模型的有效

性。CPG 控制器对参数突然变化的抑制作用,不仅可以使机器鱼产生平滑自然的模态切换,还可以降低舵机因运动的突然改变而造成的损坏。

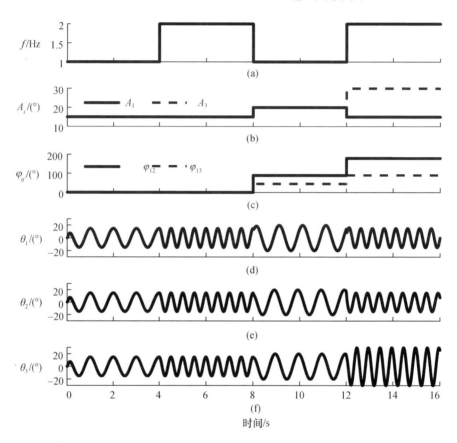

图 4.2　参数变化对 CPG 控制器的影响(在 $t=4s$ 时,摆动频率突然变为 2.0Hz。
在 $t=8s$ 时,A_1 和 A_3 突然变为 20°,并且 φ_{12} 和 φ_{13} 分别突然变为 90° 和 45°。
在 $t=12s$ 时,A_1 和 A_3 突然变为 15° 和 30°,并且 φ_{12} 和 φ_{13} 突然变为 180° 和 90°)
(a) 摆动频率;(b) 摆动幅度;(c) 相位差;
(d) 左胸鳍输出波形;(e) 右胸鳍输出波形;(f) 尾鳍输出波形。

4.1.2　CPG 稳定性证明

CPG 模型的稳定性直接影响着机器鱼运动的稳定性。这里证明所设计的 CPG 模型的稳定性。为了便于分析,首先提出 3 个合理假设:设置参数 α_i、β_i 和 μ_{ij} 为 $\alpha_i=\alpha$、$\beta_i=\beta$ 和 $\mu_{ij}=\mu$,其中,$\alpha\in\mathbb{R}^+$,$\beta\in\mathbb{R}^+$ 和 $\mu\in\mathbb{R}^+$;$\varphi_{ij}=\varphi_j-\varphi_i$,其中 $\varphi_i\in\mathbb{R}$;在机器人应用中,振荡频率 f_i 的值一般是相等的,即 $f_i=f$。

首先,式(4.1a)和式(4.1b)表示振荡器 i 的幅度和偏移量的动态响应过程。这两个方程的解比较容易获得,即

$$a_i(t) = A_i + (A_{i0} - A_i)e^{-\alpha(t-t_0)} \qquad (4.3)$$

$$x_i(t) = X_i + (X_{i0} - X_i)e^{-\beta(t-t_0)} \qquad (4.4)$$

很明显,状态变量 $a_i(t)$ 和 $x_i(t)$ 可以从任何初始状态,分别以指数速度收敛到设定的参数 A_i 和 X_i。

其次,主要分析证明式(4.1c)和式(4.1d)的稳定性。令 $z_i = \phi_i - \varphi_i$,式(4.1c)可以表示为

$$\dot{z}_i = 2\pi f + \sum_{j \in T_i} \mu(z_j - z_i) \qquad (4.5)$$

接着,使用代数图论,式(4.5)可以写成如下矩阵式,即

$$\dot{z} = -Lz + 2\pi f\mathbf{1} \qquad (4.6)$$

式中:$z = [z_1\ z_2 \cdots z_N]^T$;$\mathbf{1}$ 为 $N \times 1$ 全 1 的列向量;$L = (l_{ij})_{N \times N}$ 为 CPG 网络的拉普拉斯矩阵(Laplacian Matrix)。l_{ij} 表达式[159]为

$$l_{ij} = \begin{cases} (N-1)\mu, & i=j \\ -\mu, & i \neq j \end{cases} \qquad (4.7)$$

其中,因 μ 为实数,L 为半正定的实对称矩阵,且有 N 个非负特征根:$\lambda_1 \leq \lambda_2 \leq \cdots \leq \lambda_N$。这样,对角化 L 为如下形式,即

$$T^T LT = \begin{bmatrix} \lambda_1 & & & \\ & \lambda_2 & & \\ & & \ddots & \\ & & & \lambda_N \end{bmatrix} \qquad (4.8)$$

式中:T 为正交矩阵,即满足 $TT^T = I$。这里,I 是单位阵。接着,令 $z = Ty$,式(4.6)变为

$$\dot{y} = -T^{-1}LTy + 2\pi f T^{-1}\mathbf{1} \qquad (4.9)$$

进一步,令 $T = [\boldsymbol{\eta}_1\ \boldsymbol{\eta}_2 \cdots \boldsymbol{\eta}_N]$,其中 $\boldsymbol{\eta}_i$ 是一个列向量。这样,式(4.9)可以表示为

$$\dot{y}_i = \lambda_i y_i + 2\pi f \boldsymbol{\eta}_i^T \mathbf{1} \qquad (4.10)$$

在 CPG 模型中,每个振荡器会被其他 $N-1$ 个振荡器所影响,因此,这里的图是完全连通的。根据定义,这时,拉普拉斯矩阵的每一行的和都是零。这样,拉普拉斯矩阵会有一个特征根是 0,这里,$\lambda_1 = 0$。再结合正交矩阵的特点,可以推出两个结论:$\mathbf{1} = \sqrt{N}\boldsymbol{\eta}_1$;$\boldsymbol{\eta}_i^T \boldsymbol{\eta}_1 = 0$,其中 $i \neq 1$。根据这两个推论,可以得到微分式(4.10)的解为

$$y_i = \begin{cases} 2\pi f\sqrt{N}t + y_i(0), & i = 1 \\ e^{-\lambda_i t}y_i(0), & i = 2,3,\cdots,N \end{cases} \qquad (4.11)$$

式中: $y_i(0)$ 为 y_i 的初始状态。很容易看出,随着 $t \to \infty$, $y_i(i \geq 2)$ 将会以指数速度衰减到零。同时, z_i 将会收敛到 $2\pi ft + z_1(0)$, 并且 $z_1(0) = \dfrac{1}{\sqrt{N}}y_1(0)$, 从而可以得到 ϕ_i 解的形式为

$$\phi_i = z_i + \varphi_i \to 2\pi ft + z_1(0) + \varphi_i \qquad (4.12)$$

$$\phi_j = z_j + \varphi_j \to 2\pi ft + z_1(0) + \varphi_j \qquad (4.13)$$

由此证明, $\phi_j - \phi_i \to \varphi_{ij}$。因此,证明了式(4.1c)是稳定的。另外,当输入参数发生变化时,CPG 控制器可以快速地收敛到一个新的稳定状态,从而可以保证输入参数的在线修改。

4.1.3 基于 CPG 的多模态控制

机器鱼使用 CPG 模型可实现多种模态的运动,如图 4.3 所示。本节介绍如何选取 CPG 输入参数来产生不同的游动模态。

(1)直线游动。如图 4.3(a)所示,使用胸鳍摆动可实现直游;如图 4.3(b)所示,使用尾鳍摆动也可实现直游。另外,胸鳍和尾鳍同时摆动也可实现直游。

(2)转弯。机器鱼胸鳍反转摆动可实现转弯,如图 4.3(c)所示。此时,输入参数需满足 $\{X_1 = 0, X_2 = \pi\}$ 或 $\{X_1 = \pi, X_2 = 0\}$;在摆动尾鳍上施加一个偏置角也可实现转弯,此时,输入参数需满足 $X_3 \neq 0$。胸鳍反转摆动和尾鳍偏置的组合同样也可实现转弯,如图 4.3(d)所示。另外,胸鳍摆动幅度的不对称也能引起转弯运动。

(3)倒游。机器鱼一对胸鳍同时旋转 180°,就可以实现倒游,如图 4.3(e)所示。由于鱼体前后阻力相差不大,胸鳍倒游和前向直游的速度的差别也不大。

(4)浮潜运动。如图 4.3(f)和图 4.3(g)所示,给一对胸鳍施加相同偏置角,即 $0 < X_1 = X_2 < 90°$ 或 $-90° < X_1 = X_2 < 0$,机器鱼产生上升或下潜运动。

(5)翻滚运动。机器鱼一个胸鳍向上垂直身体平面摆动,一个胸鳍朝下垂直身体平面摆动,即 $\{X_1 = 90°, X_2 = -90°\}$,将会产生绕身体纵轴的翻滚运动,如图 4.3(h)所示。

(6)刹车。机器鱼在水中运动惯性较大,因此,可通过设置一对胸鳍的偏转角为 $X_1 = X_2 = \pm 90°$,实现机器鱼的快速刹车,如图 4.3(i)所示。

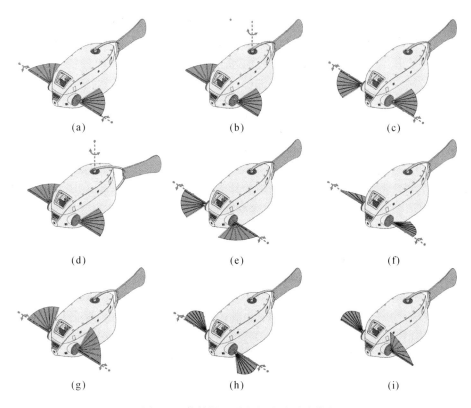

图 4.3　仿箱鲀机器鱼的多种游动模态

（a）直线游动（PF 模式）；（b）直线游动（BCF 模式）；（c）胸鳍转弯；
（d）尾鳍转弯；（e）倒游；（f）上升；（g）下潜；（h）翻滚；（i）刹车。

4.2　PID 控制器的设计

4.2.1　PID 控制器简介

PID 控制器是控制领域最广泛应用的算法,具有结构简单和易于调试等优点。PID 控制器可以追溯到 19 世纪末的调速器设计[160]。PID 控制器在船舶自动操作系统中渐渐发展。1911 年,Elmer Sperry 开发的控制器是最早的 PID 控制器雏形,而第一篇关于 PID 控制器理论分析的文章是由俄裔美国工程师 Minorsky[161] 于 1922 年发表的。他当时在设计美国海军的自动操作系统,其设计是基于对舵手的观察,控制船舶不只是依目前的误差,也考虑过去的误差以及误差的变化趋势,后来用数学的方式加以推导。他的目的是在于稳定性,而不是泛用的控制,因此,大幅地简化了问题。比例控制可以在小的扰动下有稳定性,但无法消除稳态误差,因此,加入了积分项,后来也加入了微分项。

PID 控制器由比例单元 P、积分单元 I 和微分单元 D 组成[162]。PID 控制器主要适用于基本上线性,且动态特性不随时间变化的系统。PID 控制器是一个在工业控制应用中常见的反馈回路部件。这个控制器把收集到的数据和一个参考值进行比较,然后把这个差别用于计算新的输入值,这个新的输入值的目的是可以让系统的数据达到或者保持在参考值。PID 控制器可以根据历史数据和差别的出现率调整输入值,使系统更加准确而稳定。

PID 控制器的比例单元 P、积分单元 I 和微分单元 D 分别对应目前误差、过去累计误差及未来误差。若是不知道受控系统的特性,一般认为 PID 控制器是最适用的控制器[160,163-170]。借由调整 PID 控制器的 3 个参数,可以调整控制系统,设法满足设计需求。控制器的响应可以用控制器对误差的反应快慢、控制器过冲的程度及系统振荡的程度表示。不过,使用 PID 控制器不一定保证可达到系统的最佳控制,也不保证系统稳定性。

有些应用只需要 PID 控制器的部分单元,可以将不需要单元的参数设为零即可。因此,PID 控制器可以变成 PI 控制器、PD 控制器、P 控制器或 I 控制器。其中又以 PI 控制器比较常用,因为 D 控制器对回授噪声十分敏感,而若没有 I 控制器,系统不会回到参考值,会存在一个误差量。PID 控制算法把参考值与当前输出值之间的差值作为控制的输入变量,目的是期望偏差为零,从而达到期望的效果。传统 PID 控制算法为

$$u(t) = T_P\Big[e(t) + \frac{1}{T_I}\int_0^t e_t \mathrm{d}t + T_D\frac{\mathrm{d}e(t)}{\mathrm{d}t}\Big] \tag{4.14}$$

式中:$e(t)$ 为参考值和输出值之间的误差值;T_P 为比例系数;T_I 为积分时间系数;T_D 为微分时间系数。式(4.14)为 PID 控制器的连续形式,因此,需要将上式离散化才能在微处理器上编程实现。一般常用的位置式 PID 控制器的离散形式为

$$u(k) = K_P e(k) + K_I \sum_{i=1}^{k} e(i) + K_D\big[e(k) - e(k-1)\big] \tag{4.15}$$

式中:T 为采样周期;k 为采样序号;$e(k)$ 为第 k 次采样时刻的偏差值;$u(k)$ 为第 k 次采样时刻的输出值,作为 PID 控制器的输出值直接控制执行机构。其中,$K_I = T_P\dfrac{T}{T_I}$ 为积分系数,$K_D = T_P\dfrac{T_D}{T}$ 为微分系数。

4.2.2 仿箱鲀机器鱼姿态控制策略

仿箱鲀机器鱼依靠胸鳍和尾鳍摆动可实现多种游动模态。图 4.4(a)所示为尾鳍摆动且存在偏置角时的受力分析。

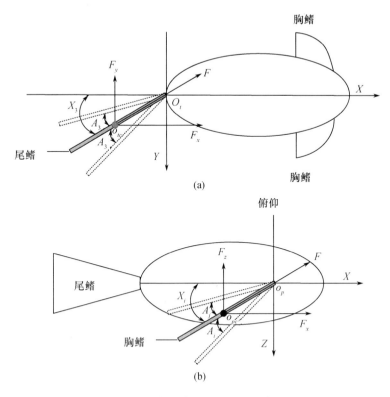

图 4.4　仿生鳍摆动时受力示意图

（a）尾鳍存在偏置角时的受力分析图（俯视图）；（b）胸鳍存在偏置角时的受力分析图（侧视图）。

其中，尾鳍偏置角 X_3 为尾鳍平面与鱼体轴线的夹角，A_3 为尾鳍的摆幅，变量含义与第 2 章 CPG 模型中的参数相同。当尾鳍偏置角不为零时，尾鳍摆动产生的推进力就会存在侧向力 F_y，这个力作用于机器鱼的质心就会产生使仿箱鲀机器鱼方向改变的力矩。因此，我们使用尾鳍偏置角 X_3 控制仿箱鲀机器鱼的航向角。

目前，多数仿箱鲀机器鱼的胸鳍结构为单自由度，不易实现俯仰角和翻滚角的独立控制。本节提出了一种针对单自由度胸鳍的俯仰角和翻滚角解耦控制策略。图 4.4(b) 所示为仿箱鲀机器鱼胸鳍摆动且存在偏置角时的受力分析图。首先，分析仿箱鲀机器鱼俯仰控制的原理。当胸鳍偏置角 X_1 或 X_2 不为零时，胸鳍摆动时会产生垂直平面内的分力 F_z。当左右胸鳍的摆动频率、摆动幅度和偏置角都相等时，但偏置角不为零时，就会产生使仿箱鲀机器鱼抬头或低头的俯仰力矩。偏置角 X_i 可调节这个俯仰力矩的大小和方向，从而实现对仿箱鲀机器鱼俯仰角的控制。下面分析仿箱鲀机器鱼翻滚控制原理。当左右胸鳍摆动频率和偏置角相等,而摆动幅度不同时,仿箱鲀机器鱼左右两侧在垂直方向上的作用力就会不相等,从而产生绕仿箱鲀机器鱼身体头尾轴旋转的翻滚力矩。具体来说,我们采用差分法控制胸鳍幅度,实现仿箱鲀机器鱼的翻滚角控制。胸鳍幅度的差分表达式为

$$\begin{cases} A_1 = A\dfrac{1+u(t)}{2}, & u(t) \in [-0.5, 0.5] \\ A_2 = A\dfrac{1-u(t)}{2}, & u(t) \in [-0.5, 0.5] \end{cases} \tag{4.16}$$

式中:A_1 和 A_2 为左右胸鳍的摆动幅度;A 为设定的一个常数,它等于两个胸鳍摆幅之和;$u(t)$ 为控制翻滚角参数,即 PID 控制器的输出。

4.2.3 基于 CPG 的串级 PID 控制器

水环境使仿箱鲀机器鱼的姿态控制难度大大增加,前期测试发现所设计的单环 PID 控制器存在收敛速度慢、超调较大和稳态误差难以消除等问题,因此,本节最终采用一种改进型串级 PID 控制器。串级 PID 控制把两个调节器串联起来,增加一个控制副回路,其中一个调节器的输出作为另一个调节器的参考值,从而有效控制了被控对象的时滞特性,提高了系统的动态响应。

运动物体的位置变化是由速度引起的,而速度变化又是由加速度引起的。相对单环 PID 控制器,串级 PID 控制增加了物体速度的闭环控制,必然会改善系统的动态特性及其稳定性。通常,我们把速度/角速度内环称为增稳环节,而位置/角度外环则体现对姿态角的精确控制。另外,由于仿箱鲀机器鱼游动过程身体存在周期性的振荡,IMU 测量的姿态角是周期性振荡的。最终的控制结果是,即使仿箱鲀机器鱼的姿态误差很小,其 PID 控制器的输出也是周期性振荡的,这不仅不利于仿箱鲀机器鱼姿态控制的稳定,也会比较消耗能量。因此,引入卡尔曼滤波算法对控制器的内外环偏差进行滤波。再者,测试发现,当机器鱼跟踪幅值较大的阶跃信号时会产生较大超调,而且很难直接消除,因此,本文把积分分离引入到控制器中。

积分分离控制的基本思路是:当被控量与设定值偏差较大时,取消积分作用,以免由于积分作用使系统稳定性降低。当接近设定值时,引入积分作用,以便消除稳态误差,提高控制精度,加入积分分离后的位置式 PID 控制器表达式变为

$$u(k) = K_P e(k) + \beta K_I \sum_{i=1}^{k} e(i) + K_D [e(k) - e(k-1)] \tag{4.17}$$

式中:β 为积分项的开关系数,即

$$\beta = \begin{cases} 1, & e(k) \leqslant a \\ 0, & e(k) > a \end{cases} \qquad (4.18)$$

式中: $a > 0$ 为设定的阈值。阈值 a 要根据具体情况设定,若 a 过大,则达不到积分分离的目的;若 a 过小,则无法进入积分环节,跟踪出现稳态误差。

最终,本文设计的改进型串级 PID 的控制框架如图 4.5 所示。其中外环为角度环,即对角度进行控制;内环为速度环,即对角速度进行控制。

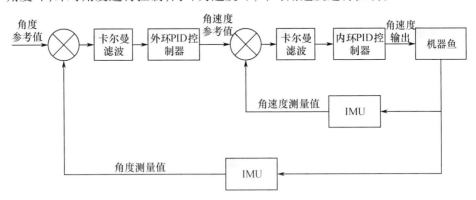

图 4.5　仿箱鲀机器鱼串级 PID 控制框图

外环的输入为 IMU 测得的角度值与角度参考值的偏差,输出作为内环的角速度参考值;内环的输入为 IMU 测得的角速度值与外环的输出(角速度参考值)的偏差,内环的输出直接控制仿箱鲀机器鱼。一般认为,串级 PID 中间环节没有物理意义。IMU 姿态角和角速度的输出频率为 50Hz,同样,内外环控制器的计算频率也为 50Hz。

4.3　姿态控制实验

仿箱鲀机器鱼姿态控制实验在场地为 $4m \times 2m \times 0.8m$ 的水池中进行,如图 4.6所示。仿箱鲀机器鱼自身携带的 IMU 可实时记录姿态角和角速度,另外,CPG 模型中的各个控制参数被树莓派实时记录下来。

4.3.1　航向角控制

航向角通过尾鳍的偏置控制,实验时,固定仿箱鲀机器鱼尾鳍的摆幅和频率。图 4.7(a)所示为单环 PID 控制算法在阶跃输入下的航向角随时间变化的曲线,可以明显看出其动态响应慢,并且存在很大的超调,稳态时没有消除稳态误差。

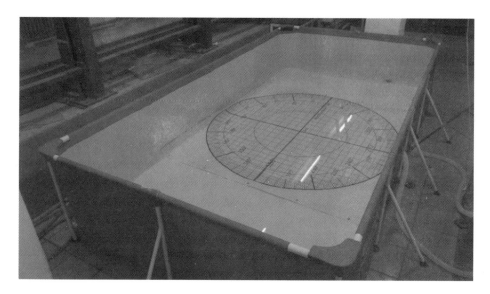

图 4.6　姿态控制实验场地

如图 4.7(b)所示,可以看出,串级 PID 控制效果明显优于单环 PID,不仅动态响应快速,调整时间短而且超调也很小。

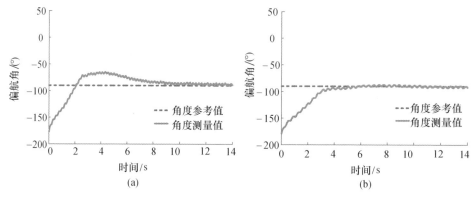

(a)

(b)

图 4.7　单环 PID 与串级 PID 效果对比图

(a)单环 PID 控制效果;(b)串级 PID 控制效果。

在实际应用中,仿箱鲀机器鱼的航向角常常需要连续地快速切换。图 4.8所示为航向角参考输入是方波信号时,串级 PID 的控制效果。

可以看出,在航向角存在较大偏差时,仿箱鲀机器鱼依然可在 6s 左右的时间快速进入稳态,精确地跟踪到期望航向角度。由于控制器采用了积分分离,整个控制过程几乎没有超调。进一步分析 PID 控制器的输出——尾鳍舵机偏置

70

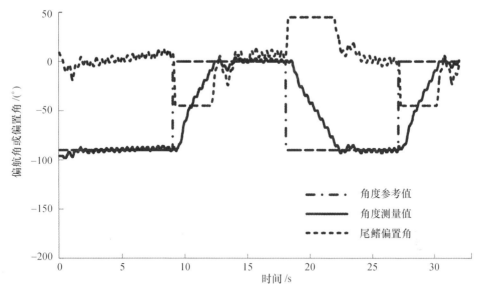

图 4.8　航向角参考输入为方波时的串级 PID 控制效果

角,可以看出,当参考输入突然变化时,控制器已非常快速地做出响应(小于 0.4s),但由于执行机构的响应和周围水的阻尼效应,仿箱鲀机器鱼系统对控制器需要一个相对较长的反应过程。另外,可以看出,当航行角测量值与参考值的偏差过大时,尾鳍偏置角会达到饱和,这是为了避免舵机因机械限制而造成堵转烧毁。

　　图 4.9 所示为仿箱鲀机器鱼在参考输入为正弦波信号时的航向角跟踪效果。仿箱鲀机器鱼航向角在参考输入为正弦信号时,测量曲线相对于参考曲线有较小的时间延迟。与控制器跟踪方波时的情况相似,主要原因是仿箱鲀机器鱼机械系统对控制器输出需要一定的反应时间。虽然跟踪存在一定相位滞后,但控制器依然能够较为准确地跟踪上航向角的期望轨迹。另外,可以看出,PID 控制器输出相位超前于正弦参考输入,这表明控制器输出可以准确地预测参数输入的变化趋势,这种预测能力可很大程度上提高系统性能,如减小系统响应时间。参考输入为阶跃、方波和正弦信号的仿箱鲀机器鱼航向角控制实验,验证了所设计的改进型串级 PID 控制算法对仿箱鲀机器鱼航向角的控制非常有效,具有良好的跟踪效果。

4.3.2　翻滚角控制

　　仿箱鲀机器鱼翻滚角通过差分式的胸鳍摆幅实现控制。差分控制保证了仿

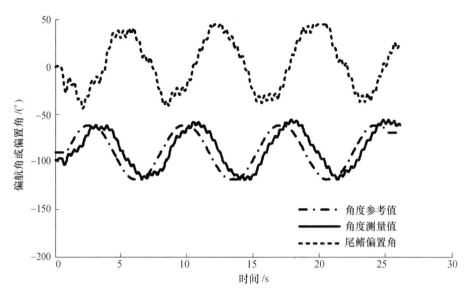

图 4.9　航向角参考输入为正弦波时的串级 PID 控制效果

箱鲀机器鱼系统为单输入系统,便于控制器设计。试验中设置式(4.16)左右幅度之和 $A = 12°$。鱼类多数情况下游动时的身体保持平衡,即翻滚角为零。我们也希望仿箱鲀机器鱼平时游动时翻滚角保持在零度。如图 4.10 所示,仿箱鲀机器鱼在参考输入为阶跃信号时能够快速、精确地跟踪上期望值,整个响应过程只有 3s,并且可以一直平稳地跟踪期望角度。

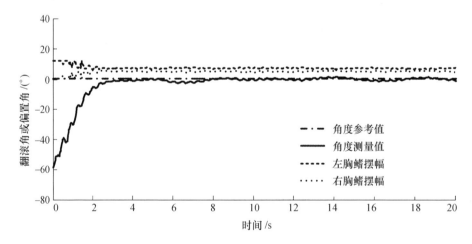

图 4.10　翻滚角参考输入为 0°时的串级 PID 的控制效果

分析左右胸鳍的摆动幅度可以发现,跟踪进入稳态时左右胸鳍的摆幅依然不相等。这说明,仿箱鲀机器鱼左右两侧的质量分布并不均匀。另外,由于仿箱鲀机器鱼系统的重心在浮心之下,我们并不能把仿箱鲀机器鱼翻滚角控制到任意一个角度,即翻滚角仅在一定范围内可控。经实验测试,仿箱鲀机器鱼翻滚角为 −45°～45°时,控制器可以实现较为精确的控制。

图 4.11 所示为翻滚角参考输入为 ±45° 时的控制器跟踪效果。

控制器从翻滚角初始角度 −50°跟踪到参考输入 45°,整个响应过程只有 6s左右。类似地,控制器从初始角度 50°跟踪到参考输入 −45°,整个响应过程也只有 6s 左右。整个跟踪过程几乎没有超调,也基本没有稳态误差。

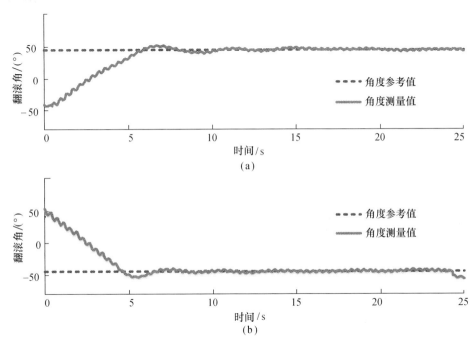

图 4.11　航向角参考输入为 ±45°时的串级 PID 控制效果
(a)45°;(b) −45°。

如图 4.12 所示,由于仿箱鲀机器鱼机械系统对控制器输出的响应延时,仿箱鲀机器鱼翻滚角的测量值相对于参考值存在相位差。虽然角度跟踪存在一定相位滞后,但控制器依然能够较为准确地跟踪上翻滚角的期望轨迹。

另外,有趣的是,左右胸鳍的摆动幅度也出现周期性的变化。由于采用了差分控制,左右胸鳍的摆动幅度出现交替性变化,它们的幅度之和为定值。参考输入为阶跃和正弦信号的机器鱼翻滚角控制实验,验证了所设计的改进型串级PID 控制算法对仿箱鲀机器鱼翻滚姿态的控制非常有效,具有良好的跟踪效果。

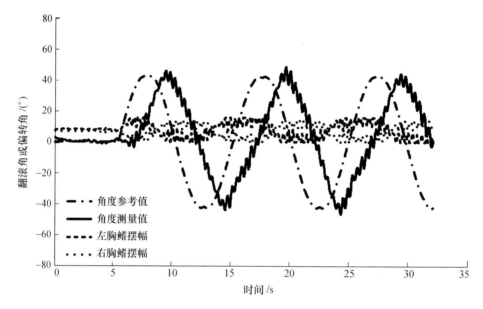

图 4.12　翻滚角参考输入为正弦波时的串级 PID 的控制效果

4.3.3　俯仰角控制

仿箱鲀机器鱼俯仰姿态通过胸鳍偏置角控制。图 4.13 画出了单环 PID 俯仰控制和串级 PID 俯仰控制随时间变化的曲线。

可以看出,单环 PID 控制不能使仿箱鲀机器鱼快速进入稳态,而串级 PID 控制能够使仿箱鲀机器鱼较快地跟踪到期望角度。单环 PID 控制下的俯仰角收敛速度很慢,在图中所示的 20s 内并没有收敛,而串级 PID 控制下的俯仰角调整时间为仅 8s 左右,几乎没有稳态误差。因此,串级 PID 控制器在调整时间、超调量及稳态误差等方面的性能要远远优于单环 PID 控制器。

图 4.14(a) 所示为仿箱鲀机器鱼初始俯仰角是 0°、期望角度是 −20° 时的控制效果,可以看出,仿箱鲀机器鱼的调整时间仅为 3s 左右,且不存在超调,控制效果良好。如图 4.14(b) 所示,控制器对参考输入为 20° 时的俯仰角跟踪效果相对较差,其调整时间在 5s 左右且调整过程存在一个 15° 左右的超调量。出现这种正负角度跟踪效果不同的原因是仿箱鲀机器鱼系统质量分布不均匀。这说明,俯仰角控制对仿箱鲀机器鱼系统的质量分布不均较为敏感,控制器稳定性要略低于航向角和翻滚角的控制。

图 4.15 所示为俯仰角参考输入为正弦信号时的控制器跟踪效果。可以看

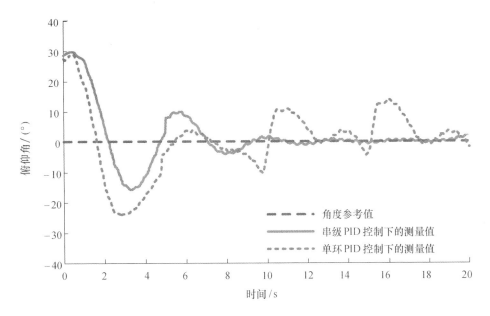

图 4.13 俯仰角参考输入为 0°串级 PID 的控制效果

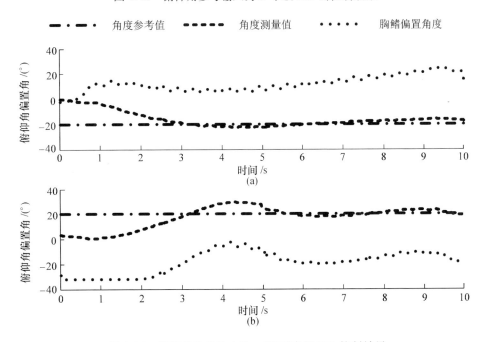

图 4.14 俯仰角参考输入为 ±20°时串级 PID 控制效果

(a) 参考输入为 −20°;(b) 参考输入为 20°。

出,仿箱鲀机器鱼的实际俯仰角基本可以跟踪上所设置的期望轨迹。和控制器跟踪航向角和翻滚角时的情况类似,俯仰角跟踪曲线相对于参考输入也存在一定滞后。但仿箱鲀机器鱼俯仰角的跟踪曲线幅度有时和参考曲线幅度有一定偏差,这也可以说明仿箱鲀机器鱼的俯仰角控制效果也略低于航向角和翻滚角的控制效果。整体来看,参考输入为阶跃和正弦信号的仿箱鲀机器鱼俯仰角控制实验,验证了所设计的改进型串级 PID 控制算法对仿箱鲀机器鱼俯仰姿态的控制比较有效,跟踪效果良好。

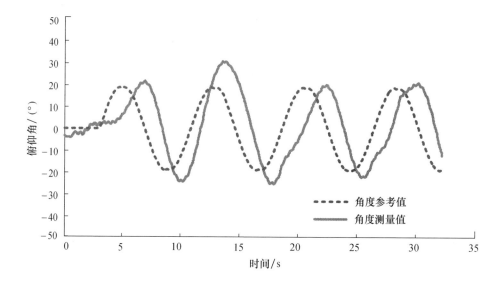

图 4.15　俯仰角参考输入为正弦波时串级 PID 的控制效果

4.3.4　三维姿态同步控制

　　鱼类可以在水中以任意姿态稳定灵活地游动。但对于鳍肢驱动的仿箱鲀机器鱼来说,实现像鱼类那样的全姿态独立同步控制是个巨大挑战。基于前面提出的控制策略,本文初步实现机器鱼在水中的全姿态独立同步控制。需要说明的是,仿箱鲀机器鱼的重心和浮心比较接近,因此,水中运动的仿箱鲀机器鱼是一个不稳定系统。如果对仿箱鲀机器鱼的某个姿态角不施加控制,这个姿态角在运动时的状态是不确定的。如图 4.16(a)所示,当同时控制仿箱鲀机器鱼的俯仰角和翻滚角但不控制仿箱鲀机器鱼的航向角时,仿箱鲀机器鱼航向角会出现漂移。

　　图 4.16(b)展示了当同时控制仿箱鲀机器鱼的航向角和翻滚角时但不控制仿箱鲀机器鱼的俯仰角时,仿箱鲀机器鱼俯仰角并不在 0°附近。因此,需要对

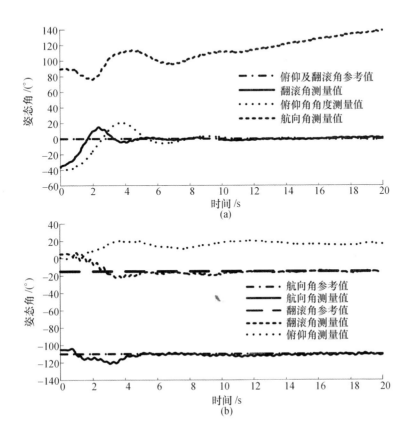

图 4.16　同时控制仿箱鲀机器鱼两个姿态角实验

（a）同时控制俯仰角和翻滚角；（b）同时控制航向角和翻滚角。

仿箱鲀机器鱼的 3 个姿态角独立同步控制,才能使 3 个姿态角达到我们想要的状态。

图 4.17 所示为仿箱鲀机器鱼跟踪参考输入是航向角 $\psi_{ref} = -90°$、俯仰角 $\theta_{ref} = 0$ 以及翻滚角 $\phi_{ref} = 30\sin(2\pi ft)$ $(f = 0.1\,Hz)$ 时全姿态独立同步控制的实验结果。

对比图中航向角与前面的航向角实验效果,可以发现全姿态控制下的航向角跟踪效果稍差一些,偶尔会有小幅的波动。全姿态控制下的翻滚角和俯仰角与前面响应的实验结果与航向角的情况类似,都比前面单独控制时的效果稍差些。但从整体上来看,所设计的控制器可以有效、独立和同步地控制仿箱鲀机器鱼的航向角、俯仰角与翻滚角 3 个姿态角。

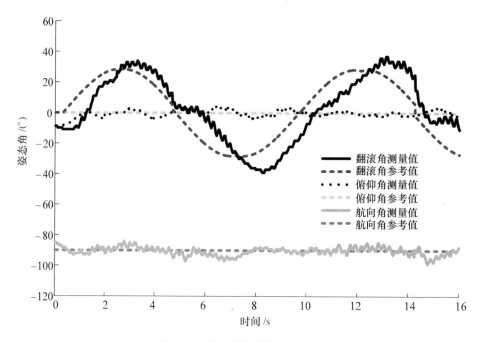

图 4.17　仿箱鲀机器鱼同时跟踪

第 5 章　仿生机器鱼运动自主优化

优化理论作为一门重要学科分支,一直以来都受到人们的广泛关注和重视。随着优化理论的研究深入,优化技术在诸多工程领域和管理学科中得到了迅速推广和应用,如人工智能、系统控制、网络优化和生产调度等。在实际工程中,优化问题常存在着复杂性、非线性、约束性和建模困难等特点,因此,找寻一种适合解决以上复杂问题并具有智能特征的算法已成为优化理论领域的一个重要研究方向。

5.1　智能算法

20 世纪 80 年代以来,一些新颖的智能优化算法陆续提出,如蚁群算法、粒子群优化算法、遗传算法、模拟退火、禁忌搜索以及混合优化方法等,这些算法涉及群体行为、生物进化、物理科学和统计力学等概念,都是以一定的直观基础现象构造的算法,为解决复杂问题提供了新的思路和手段。这些智能优化算法独特的优点和机制,已引起了国内外学者的广泛重视并掀起了该领域的研究热潮,且在诸多领域得到了成功应用。

5.1.1　群智能算法

随着人们对生命本质的不断了解,生命科学正以前所未有的速度迅猛发展,使人工智能的研究开始摆脱经典逻辑计算的束缚,大胆探索起新的非经典计算途径。在这种背景下,社会性动物(如蚁群、蜂群、鸟群等)的自组织行为引起了人们的广泛关注,许多学者对这种行为进行数学建模并用计算机对其进行仿真,这就产生了所谓的"群智能"。社会性动物的妙处是:个体的行为都很简单,但当它们一起协同工作时,却能够"突现"出非常复杂且智能的行为特征。例如,单只蚂蚁的能力极其有限,但当这些简单的蚂蚁组成蚁群时,却能完成像筑巢、觅食、迁徙、清扫蚁巢等复杂行为;一群行为显得盲目的蜂群能造出精美的蜂窝;鸟群在没有集中控制的情况下能够同步飞行等。在这些自组织行为中,又以蚁群在觅食过程中总能找到一条从蚁巢到食物源的最短路径最为引入注目。群智能算法作为一种新兴的演化计算技术,已成为越来越多研究者的关注焦点,它与人工生命,特别是进化策略以及遗传算法有着极为特殊的联系。群智能算法研究领域主要有两种算法——粒子群优化算法和蚁群算法。

1. 粒子群优化算法

粒子群优化(Particle Swarm Optimization, PSO)算法又称为粒子群算法,由Kennedy 与 Eberhart 于 1995 年提出,他们借由观察鸟类种群觅食的信息传递所得到的一个启发,经过试验验证得到了这种基于种群的优化算法。PSO 算法的理论基础是以单一粒子来做为鸟类族群之中的单一个体,于算法中赋予该粒子(个体)记忆性,并能够透过与粒子群体中的其他粒子之间的互动而寻求到最适解。因此,在 PSO 算法的基础理论可以理解为,任一个体(粒子)皆可用有自身移动过程中所产生的记忆与经验。当个体移动的同时,能依造自身的经验与记忆学习调整自身的移动方向,由于在 PSO 算法中,多个粒子是同时移动的,且同时以自身经验与其他粒子所提供的经验进行比对找寻最适当的解,并使自己处于最适解中,PSO 算法的特性使得粒子不单单受自身演化的影响,同时,会对群体间的演化拥有学习性、记忆性,并使粒子本身达到最佳调整。关于 PSO 算法的具体迭代过程将在 5.3 节做出详细介绍。

2. 蚁群算法

蚁群优化(Ant Colony Optimization, ACO)算法又称为蚂蚁算法,是一种用来在图中寻找优化路径的机率型算法。它由 Marco Dorigo 于 1992 年在博士论文中提出,其灵感来源于蚂蚁在寻找食物过程中发现路径的行为。Marco 在观察蚂蚁的觅食习性时发现,蚂蚁总能找到巢穴与食物源之间的最短路径。经研究发现,蚂蚁的这种群体协作功能是通过一种遗留在其来往路径上、称为信息素(Pheromone,该物质随着时间的推移会逐渐挥发消失,信息素浓度的大小表征路径的远近)的挥发性化学物质进行通信和协调的。化学通信是蚂蚁采取的基本信息交流方式之一,在蚂蚁的生活习性中起着重要的作用。整个蚁群就是通过这种信息素进行相互协作,形成正反馈,从而使多个路径上的蚂蚁都逐渐聚集到最短的那条路径上。

各个蚂蚁在没有事先告诉他们食物在什么地方的前提下开始寻找食物。当一只找到食物以后,它会向环境释放信息素,吸引其他的蚂蚁过来,这样越来越多的蚂蚁会找到食物。有些蚂蚁并没有像其他蚂蚁一样总重复同样的路,它们会另辟蹊径,如果另开辟的道路比原来的其他道路更短,那么,渐渐地,更多的蚂蚁被吸引到这条较短的路上来。最后,经过一段时间运行,可能会出现一条最短的路径被大多数蚂蚁重复着。

ACO 算法是一种模拟进化算法,初步的研究表明,该算法具有许多优良的性质。该算法之所以能引起相关领域研究者的注意,是因为这种求解模式能将问题求解的快速性、全局优化特征以及有限时间内答案的合理性结合起来。其中,寻优的快速性是通过正反馈式的信息传递和积累来保证的。算法的早熟性收敛又可以通过其分布式计算特征加以避免。真是由于 ACO 算法有以上这些特点,使得以该算法为代表的蚁群智能已成为当今分布式人工智能研究的一个热点,许多源于蜂群和蚁群模型设计的算法已越来越多地应用于图着色问题、大规模集成电路设计、通信网络中的路由问题以及负载平衡问题、车辆调度、企业运转模式管理等。

5.1.2　遗传算法

遗传算法(Genetic Algorithm,GA)是模拟达尔文生物进化论的自然选择和遗传学机理的生物进化过程的计算模型,是一种通过模拟自然进化过程搜索最优解的方法,它最初由美国 Michigan 大学的 J. Holland 教授于 1975 年提出,J. Holland 教授所提出的 GA 通常称为简单遗传算法(SGA)。

GA 中,优化问题的解称为个体,它表示为一个变量序列,称为染色体或者基因串。染色体一般表示为简单的字符串或数字串,不过也有其他依赖于特殊问题的表示方法适用,这一过程称为编码。首先,GA 随机生成一定数量的个体,有时候操作者也可以对这个随机产生过程进行干预,以提高初始种群的质量。在每一代中,每一个个体都被评价,并通过计算适应度函数得到一个适应度数值。种群中的个体按照适应度排序,适应度高的在前面。这里的“高”是相对于初始的种群的低适应度来说的。

接下来是产生下一代个体并组成种群。这个过程是通过选择和繁殖完成的,其中繁殖包括交配(Crossover,在算法研究领域中称为交叉操作)和突变(Mutation)。选择则是根据新个体的适应度进行的,但同时并不意味着完全以适应度高低作为导向,因为单纯选择适应度高的个体将可能导致算法快速收敛到局部最优解而非全局最优解,我们称为早熟。作为折中,GA 依据原则:适应度越高,被选择的机会越高,而适应度低的,被选择的机会就低。初始的数据可以通过这样的选择过程组成一个相对优化的群体。之后,被选择的个体进入交配过程。一般的遗传算法都有一个交配概率(又称为交叉概率),范围一般是 0.6~1,这个交配概率反映两个被选中的个体进行交配的概率。例如,交配概率为 0.8,则 80% 的“夫妻”会生育后代。每两个个体通过交配产生两个新个体,代替原来的“老”个体,而不交配的个体则保持不变。交配父母的染色体相互交换,从而产生两个新的染色体,第一个个体前半段是父亲的染色体,后半段是母亲的,第二个个体则正好相反。不过这里的半段并不是真正的一半,这个位置称为交配点,也是随机产生的,可以是染色体的任意位置。最后一步是突变,通过突变产生新的"子"个体。一般遗传算法都有一个固定的突变常数(又称为变异概率),通常是0.1或者更小,这代表变异发生的概率。根据这个概率,新个体的染色体随机的突变,通常就是改变染色体的一个字节(0变到1,或者1变到0)。GA流程图如图5.1所示。

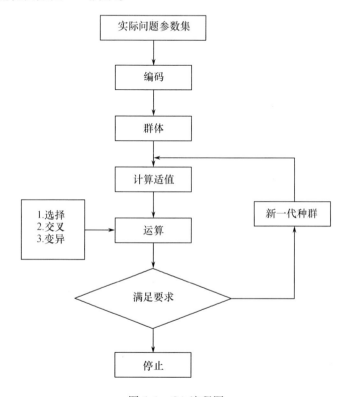

图5.1 GA流程图

GA主要的特点体现在以下几方面。

(1)搜索过程不直接作用在变量上,而是作用在参数集进行了编码的个体上,并且此编码操作使得进化算法可直接对结构对象进行操作。

(2)搜索过程是从一组解迭代到另一组解,采用同时处理种群中多个个体的方法,降低了陷入局部最优解的可能性,并易于并行化。

(3)采用概率的变迁规则指导搜索方向,而不采用确定性搜索规则。采用概率仅是作为一种工具引导其搜索过程朝着搜索空间的更优化的解区移动,因此,虽然看起来它是一种盲目搜索方法,但实际上有明确的搜索方向。

(4)对搜索空间没有任何要求(如连通性、凸性等),只利用适应性信息(即目标函数),不需要导数、连续等其他辅助信息,而且其定义域可以任意设定,因而,适应范围广。

5.1.3　模拟退火算法

模拟退火(Simulated Annealing, SA)算法是一种通用概率算法,用来在固定时间内寻求在一个大的搜寻空间内找到的最优解。它是由 S. Kirkpatrick、C. D. Gelatt 和 M. P. Vecchi 于 1983 年所发明的。

SA 来自冶金学的专有名词退火。退火是将材料加热后再经特定速率冷却,目的是增大晶粒的体积,并且减少晶格中的缺陷。材料中的原子原来会停留在使内能有局部最小值的位置,加热使能量变大,原子会离开原来位置,而随机在其他位置中移动。退火冷却时速度较慢,使得原子有较多可能可以找到内能比原先更低的位置。

SA 的原理也和金属退火的原理近似:我们将热力学的理论套用到统计学上,将搜寻空间内每一点想象成空气内的分子;分子的能量,就是它本身的动能;搜寻空间内的每一点,也像空气分子一样带有"能量",以表示该点对命题的合适程度。SA 算法先以搜寻空间内一个任意点作起始:每一步先选择一个"邻居",然后再计算从现有位置到达"邻居"的概率。可以证明,SA 算法所得解依概率收敛到全局最优解。

SA 算法新解的产生和接受可分为如下 4 个步骤。

(1)由一个产生函数从当前解产生一个位于解空间的新解;为便于后续的计算和接受,减少算法耗时,通常选择由当前新解经过简单地变换即可产生新解的方法,如对构成新解的全部或部分元素进行置换、互换等,注意到产生新解的变换方法决定了当前新解的邻域结构,因而,对冷却进度表的选取有一定的影响。

(2)计算与新解所对应的目标函数差。因为目标函数差仅由变换部分产生,所以目标函数差的计算最好按增量计算。事实表明,对大多数应用而言,这是计算目标函数差的最快方法。

(3)判断新解是否被接受,判断的依据是一个接受准则,最常用的接受准则是 Metropolis 准则:若 $\Delta t' < 0$,则接受 S' 作为新的当前解 S;否则,以概率 $\exp(-\Delta t'/T)$ 接受 S' 作为新的当前解 S。

(4)当新解被确定接受时,用新解代替当前解,这只需将当前解中对应于产生新解时的变换部分予以实现,同时修正目标函数值即可。此时,当前解实现了一次迭代。可在此基础上开始下一轮试验。当新解被判定为舍弃时,则在原当前解的基础上继续下一轮试验。

5.1.4 禁忌搜索算法

禁忌搜索(Tabu Search，TS) 算法又称禁忌搜寻法,是一种现代启发式算法,由美国科罗拉多大学教授 Fred Glover 于 1986 年前后提出,它是对局部领域搜索的一种扩展,是一种全局逐步寻优算法,是对人类智力过程的一种模拟,是一个用来跳脱局部最优解的搜索方法。TS 算法通过引入一个灵活的存储结构和相应的禁忌准则避免迁回搜索,并通过藐视准则赦免一些被禁忌的优良状态,进而保证多样化的有效探索以最终实现全局优化,提高解的质量。

TS 是人工智能的一种体现,是局部领域搜索的一种扩展。禁忌搜索最重要的思想是标记对应已搜索的局部最优解的一些对象,并在进一步的迭代搜索中尽量避开这些对象(而不是绝对禁止循环),从而保证对不同的有效搜索途径的探索。禁忌搜索涉及到领域(Neighborhood)、禁忌表(Tabu List)、禁忌长度(Tabu Length)、候选解(Candidate)、藐视准则(Candidate)等概念。

简单的 TS 是在领域搜索的基础上,通过设置禁忌表来禁忌一些已经历的操作,并利用藐视准则奖励一些优良状态,其中领域结构、候选解、禁忌长度、禁忌对象、藐视准则、终止准则等是影响禁忌搜索算法性能的关键。相对于模拟退火和遗传算法,TS 是又一种搜索特点不同的 meta – heuristic 算法。迄今为止,TS 算法在组合优化、生产调度、机器学习、电路设计和神经网络等领域取得了很大的成功,近年来,又在函数全局优化方面得到较多的研究,并大有发展的趋势。

5.2 仿生机器鱼运动优化意义

鱼类有着非凡的水中运动能力,具有高效、快速、机动灵活的水下推进方式。近年来,随着仿生技术和机器人技术的发展,仿生机器鱼研发及其运动控制研究成为一个重要的研究方向。仿生机器鱼无论从推进机理上还是从实现形式上都完全不同于传统的螺旋桨推进技术,兼具快速性和高效性。从推进效果上来看,游动速度是仿生机器鱼的一项重要技术指标,优化仿生机器鱼的运动控制是提高仿生机器鱼运动性能的基本方法之一,主要体现在以下几个方面。

(1)探索仿生机器鱼游动速度极限。直游速度是仿生机器鱼的重要性能指标之一,由于水动力学的复杂性和水波等影响,仿生机器鱼的运动模型非常复杂,很难通过建模分析其游动速度和控制参数的解析关系,本节将智能算法应用到仿生机器鱼的参数优化中,通过优化得到了仿生机器鱼的最大速度,探索了仿生机器鱼直游速度极限。

(2)加入速度控制器,简化了仿生机器鱼运动控制。研究发现,仿生机器鱼的运动速度受频率、振幅、相位偏移及水下环境的共同影响,如果考虑所有的因素,速度控制器的设计将会非常困难。结合大量的实验和分析发现,当其他参数固定时,运动的速度随频率的增加(在电机性能指标允许范围之内)而单调增加。但是其他参数与运动速度的关系却表现出非单调的性质。因此,本文选择频率作为速度控制的唯一控制命令,设计了一个分段线性函数作为转换层速度控制器。通过 PSO 算法优化其他参数,保证了仿生机器鱼的速度接近该频率下的最快步态。

(3)仿生机器鱼水球比赛更具优势。将得到的最大速度应用到仿生机器鱼水球比赛中,使其在追球的过程中,有着明显的速度优势。实验表明,无论是在进攻端还是防守端,速度较快的一方都能有更大的机会控制球,从而在比赛中拥有主动权。

(4)丰富了仿生机器鱼的水球比赛的策略。通过最小速度优化,发现仿生机器鱼可以较快的速度倒游,将其应用于其仿生机器鱼水球比赛中,可根据水球场上具体情形选择不同的游动模态,丰富其比赛策略。

(5)将智能算法应用于仿生机器鱼中。鱼类的游动涉及复杂的流体力学问题,相应的水动力学模型尚不完善,很难建立仿生机器鱼"控制参数——游动速度"的模型,因而,要想从其控制参数中直接分析得到其运动速度是比较困难的。本文中首次将 PSO 算法应用于仿生机器鱼的速度优化,并得出了其最优速度,给仿生机器鱼水球比赛仿真平台设计提供了数据依据,同时,也给解决仿生机器鱼参数优化、建模等问题提供了一种新的思路。

5.3　PSO 算法

为了说明 PSO 算法的发展和形成背景,首先介绍一个早期的简单模型,即 Boid 模型。这个模型是在 1986 年美国学者雷诺尔兹(Craig W. Reynolds)为了模拟鸟群的行为而设计的,它也是 PSO 算法的直接来源。

在 Boid 模型中,用计算机上运动的点代表鸟群个体,这样的一群点就是鸟类的群体。给每个点设置初始的坐标、速度等参数,这样就能用计算机模拟现实环境中的鸟类了。雷诺尔兹通过反复实验,发现了 3 条简单的规则决定鸟类行为方式。

(1)分隔规则。当个体与某些邻居靠太近时,就会尽量避开。

(2)每个个体的飞行方向尽量同周围邻居的飞行方向保持一致。

(3)每个个体都要尽量靠近他的邻居所在的中心位置。

在这 3 条简单规则的约束下,Boid 模型中的"鸟群"就会像现实中的鸟群一样在虚拟世界中自由的飞翔。

由于 Boids 模型太简单而且远离真实情况,于是,Frank Heppner 对该模型进行了改进,提出了一个"谷地"模型,用来模拟鸟类的觅食行为。该模型在反映群体行为方面与其他类模型有许多相似之处,所不同之处在于种群中的个体会受到食物所在地(即"谷地")的吸引。同样地,在"谷地"模型下,鸟群的运动也满足 3 条基本规则。

(1)种群中各个体都被"谷地"所吸引着。

(2)种群中各个体会记住在运动过程中最优的点。

(3)种群中各个体会将自己离"谷地"最近的点分享给其他个体。

从仿真的结果来看,一开始,每只鸟均无特定目标进行飞行,直到有一只鸟飞到了"谷地",当被"谷地"的吸引期望大于留在鸟群中的期望时,每只鸟都将离开群体而飞向"谷地",随后"谷地"将很快聚集鸟群。由于鸟类使用简单的规则确定自己的飞行方向与飞行速度,当一只鸟飞离群体而飞向"谷地"时,将导致它周围的其他鸟也飞向"谷地",这些鸟一旦发现"谷地",将降落在此,驱使更多的鸟落在栖息地,直到整个鸟群都落到栖息地。

在发现这个模型之后,Kennedy 和 Eberhart 对其产生了浓厚的兴趣。他们认为鸟群呈现的聚集其社会性实质在于个体向他周围的成功者学习,个体与周围的其他同类比较,并模仿优秀者的行为。但是,如何使得粒子降落在最好解而不是降落在其他解处?要解决这个问题关键在探索(寻找一个好解)和开发(利用一个好解)之间寻找一个好的平衡。太小的搜索将导致算法收敛于早期所遇到的次优解,而太大的开发会使算法不收敛。另外,需要在个性与社会性之间寻求平衡,也就是说,既希望个体具有自己的个性,又希望他们能够与其他同伴交流学习,即具有共同的社会性。Kennedy 和 Eberhart 较好地解决了上述问题,他们对 Heppner 的模型进行了修改,并通过不断的试验和试错,提出了 PSO 算法的最初版本。

5.3.1 基本原理

PSO 算法是基于群体的演化算法,其思想来源于人工生命和演化计算理论。PSO 算法在 1995 年由美国社会心理学家 James Kennedy 和电气工程师 Russell Eberhart 共同提出[171],其基本思想受到 Reynolds 等对鸟群飞行的研究的启发,并应用了生物学家 Frank Heppner 的生物群体模型——鸟仅仅是追踪它有限数量的邻居,但最终的整体结果是整个鸟群好像在一个中心的控制之下,即复杂的全局行为是由简单个体间的有规则的相互作用引起的。PSO 算法即源于对鸟群捕食行为的研究,一群鸟在随机搜寻食物,如果这个区域里只有一块食物,那么,找到食物的最简单有效的策略就是搜寻目前离食物最近的鸟的周围区域。

PSO 算法就是从这种模型中得到启示而产生的,并用于解决优化问题。PSO 算法中,问题的解对应于搜索空间中一只鸟的位置,称为"微粒"或"粒子"(Particle)。每个粒子都有一个位置和该位置由被优化问题决定的适应值(Fitness Value),同时,每个粒子还有一个速度,该速度为向量,有大小和方向,决定该粒子的飞行方向和距离。各个粒子记忆、追随当前的最优粒子,在解空间中搜索。PSO 初始化为一群随机粒子(随机解),然后通过迭代找到最优解,在每一次迭代中,粒子通过跟踪两个"极值"更新自己。一个极值是粒子本身所找到的最优解,称为个体极值点(用 pbest 表示其位置);另一个极值因方法而异,全局 PSO 算法中的用整个种群目前找到的最优解(用 gbest 表示其位置)。局部 PSO 算法不用整个种群,而是用其中一部分作为粒子的邻居,所有邻居中的最优解就是局部极值点(用 lbest 表示其位置)。

PSO 算法是将每个个体抽象为没有质量和体积,而仅仅具有速度和位置的微粒,故将此方法称为"粒子群"优化算法。对于第 i 个粒子,在找到这两个最优值后,通过下面的迭代更新自己的速度和位置,即

$$v_i^{t+1} = v_i^t + c_1 U_1^t (p_i - x_i^t) + c_2 U_2^t (p_g - x_i^t) \qquad (5.1)$$

$$x_i^{t+1} = x_i^t + v_i^{t+1} \qquad (5.2)$$

式中:x_i 为粒子 i 的位置;v_i 为粒子 i 的速度,它代表粒子 i 在第 t 代的搜索方向;$c_1 U_1^t (p_i - x_i^t)$ 为"认知(Cognition)"部分,取决于微粒当前位置与自身最优位置之间的距离,表示微粒本身的思考,其中 c_1 称为"认知学习因子",U_1 为一个 $0 \sim 1$ 的随机数;p_i 为第 i 个粒子在前 t 代的最优位置;$c_2 U_2^t (p_g - x_i^t)$ 为"社会(social)"部分,取决于微粒当前位置与群体中全局(或局部)最优位置之间的距离,表示粒子间的信息共享与相互合作,其中 c_2 称为"社会学习因子",U_2 为一个 $0 \sim 1$ 的随机数;p_g 为前 t 代所有粒子中的最优位置。

为了防止粒子飞离搜索空间,粒子速度一般有一个最大速度限制 V_{max}。这样,粒子的速度就被限制在 $[-V_{max}, V_{max}]$。V_{max} 太大,粒子将容易飞离最优解,增加迭代次数;V_{max} 太小,将容易陷入局部最优。

以上面两个公式为基础,形成了 PSO 算法的标准形式。

5.3.2　算法分析

在式(5.1)所描述的速度进化方程中,其第一部分为微粒先前的速度;第二部分为"认知"部分,因为这部分考虑的是微粒对自身经验的总结,利用自身经验的最优值加权后对微粒先前速度进行修改,表示微粒本身的思考;第三部分为微粒的"社会"部分,利用微粒群体历史最优位置对先前速度进行修改,表示微粒间的社会信息共享。这 3 个部分的向量关系图如图 5.2 所示。

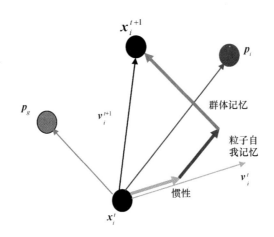

图 5.2　PSO 算法中的速度更新示意图

不难看出,微粒下一次迭代的速度 v_i^{t+1} 实质上是当前速度 v_i^t、"微粒自我记忆影响"和"群体的影响"3 个部分的向量和。图中"当前速度影响"即是第 t 次迭代时微粒速度 v_i^t;"自身认知"部分 $c_1 U_1^t (p_i - x_i^t)$ 是由微粒最优位置和当前位置的差值加权后得到,即图中"微粒自我记忆影响"部分。"社会认知"部分 $c_2 U_2^t (p_g - x_i^t)$ 是由全局最优位置和当前位置的差值经加权后得到,即图中"群体的影响"部分。下一次迭代微粒位置 x_i^{t+1} 就是当前位置 x_i^t 和下次微粒速度 v_i^{t+1} 的向量和。

显然,作为一种进化算法,PSO 算法和其他进化算法有着许多共同之处。

首先,PSO 算法和其他进化算法相同,均使用"群体"的概念,用于表示一组解空间中的个体集合,将微粒所经历的最好位置看作是群体的组成部分,当微粒的当前位置与所经历的最优位子相比具有更好地适应值时,则微粒所经历的最优位置(父代)才会唯一地被当前位置(子代)所替代,因此,微粒群的每一步进化呈现出弱化的"选择"机制。

其次,PSO 算法的速度进化方程(式(5.1))与实数编码遗传算法的算术交叉算子相类似,通常,算术交叉算子由两个父代个体的线性组合产生两个子代个体,而在 PSO 算法的速度进化方程中,假如先不考虑项,就可以将方程理解为由两个父代个体产生一个子代个体的算术交叉运算。从另一个角度,在不考虑 v_i^t 项的情况下,速度进化方程也可以看作一个变异算子,其变异的强度(大小)取决于两个父代见微粒的距离,即代表个体最优位置和全局最优位置的距离。至于 v_i^t 项,也可以理解为一种变异的形式,其变异的大小与微粒在前代进化中的位置相关。

最后,如果将式(5.2)也看作一个变异算子,则 PSO 算法与进化规划很相似。

同时,PSO 算法也呈现出其他进化算法所不具有的特性,首先,最显著之处就是:PSO 算法同时将微粒的位置和速度模型化,给出一组显式的进化方程。其次,PSO 算法在进化过程中同时保留和利用位置和速度信息,而其他进化算法仅保留和利用位置信息。最后,PSO 算法执行的是一种有"意识"的变异,它利用了群体的经验信息,有更多的机会飞到更优解区域。

5.3.3 算法改进

PSO 算法被提出以后,因其优越的性能,受到众多研究者的探讨和改进,并得到了广泛的应用。研究表明,传统 PSO 算法:局部搜索能力较差,搜索精度不高;容易落入局部最优;搜索性能对参数具有较大依赖性;算法后期易震荡等缺点。近年来,许多研究者从参数设置、收敛性、拓扑结构、与其他算法融合等角度对传统 PSO 算法进行研究,并针对其不足提出了各种改进,以提高算法性能[172-180]。本文中采用的就是引入自适应惯性权重的改进微粒群算法(APSO),下面主要介绍引入惯性权重的 PSO 改进算法和整数空间的 PSO 算法。

为了改进基本的 PSO 算法的收敛性能,Y. Shi 与 R. C. Eberhart 在 1998 提出引入惯性权重的微粒群算法,在速度进化方程(式(5.1))中项引入惯性因子,即将速度进化方程变化为

$$\boldsymbol{v}_i^{t+1} = w\boldsymbol{v}_i^t + c_1 U_1^t (\boldsymbol{p}_i - \boldsymbol{x}_i^t) + c_2 U_2^t (\boldsymbol{p}_g - \boldsymbol{x}_i^t) \qquad (5.3)$$

式中:w 为惯性权重,因此,基本的 PSO 算法是惯性权重 $w = 1$ 的特殊情况。惯性权重 w 使微粒保持运动惯性,使其有扩展搜索空间的趋势,有能力探索新的区域。

引入惯性权重 w 以后,可基本清除基本 PSO 算法对 V_{max} 的需求,因为 w 本身具有维护全局和局部搜索能力的平衡作用。这样,当 V_{max} 增加时,可通过减小 w 达到平衡搜索。较大的 w 有利于群体在更大的范围内进行搜索,而 w 减小能够保证群体最终收敛到最优位置,可使得所需的迭代次数变小。因此,Y. Shi 等提出了一个 w 随着进化代数线性递减的模型,即

$$w_i = w_{max} - (w_{max} - w_{min}) \times \frac{i}{\text{Iter}_{max}} \qquad (5.4)$$

式中:w_i 为第 i 次迭代时 w 的取值;w_{max} 和 w_{min} 分别为 w 的最大和最小值;Iter_{max} 是最大迭代次数;i 为当前迭代次数。一般情况下,$w_{max} = 0.9$,$w_{min} = 0.4$。

在 Y. Shi 等研究的基础上,Chatterjee 等则提出了非线性变化惯性权重的 PSO 算法;Shi 和 Eberhart 提出一个模糊系统调节 w,随机惯性因子 w 也被使用,

此外,Zhan 等通过对 PSO 的进化状态进行判定和划分,提出了一种基于进化因子的自适应控制的惯量权重(APSO);Clerc 等在标准 PSO 算法中引入了收缩因子的概念,提供了一种通过收缩因子 λ(系数)选择 w、c_1 和 c_2 的方法。

权重的引入使 PSO 算法性能有了很大提高,针对不同的搜索问题,可以调整全局和局部搜索能力,也使得 PSO 算法能成功地应用于很多实际问题,目前,有关 PSO 算法的研究和改进也大多以带有惯性权重的 PSO 算法为基础进行扩展和修正。

5.4　自主游速优化

经过亿万年在复杂多变生存环境中的进化,动物已具备非凡的运动能力和快速学习能力。运动性能对机器人的生存同样关键,因此,运动性能优化一直是机器人研究中的一个重要方向。目前,水下机器人的运动优化主要是基于模型的仿真优化[147,148]和基于实验的运动优化[140,143,181,182],因对水下机器人和水环境的建模并不十分精确,基于模型的优化结果在机器人上可能并非最优。另外,目前,实验优化方法一般需 84 要外部的测量设备和处理中心,机器人并不能像自然界动物一样自主地学习优化自身运动性能。因此,本书提出一种针对水下机器人的自主运动优化方法,为水下机器人的自主运动优化提供一种可行的解决方案。游动速度是仿生机器鱼的一项重要技术指标,本书使用 PSO 算法优化机器鱼 CPG 模型的输入参数以寻找最大游动速度,以此为例展示所建立的自主优化系统的有效性。

5.4.1　自主优化框架

为了实现自主优化,一般要求机器人能完全自主地收集和分析传感器数据,评估运动步态性能,并且运行优化算法来寻找最优运动步态。也就是说,机器人需要一些基本功能模块来实现自主运动优化,如图 5.3 所示。

该框架共包括 6 个基本单元,分别为执行机构、运动控制器、传感处理单元、优化算法、位姿调整单元和外界环境。下面对这 6 个基本单元及其之间的关系详细介绍。首先,执行机构包括机器人的驱动器、电机、鳍肢、腿和轮子等部分。执行机构接受来自运动控制器的控制命令,在环境中产生相应的运动。其次,传感处理单元包括机器人身上的传感器和相应的传感器信息处理算法。它主要监控机器人的内部物理状态(如步态质量、位置、方向和能量消耗等)以及外界环境状态(如周围障碍物信息和环境边界等)。因此,传感处理单元可以为优化算法和位姿调整单元提供关键信息。最后,运动控制器主要接受来自位姿调整单

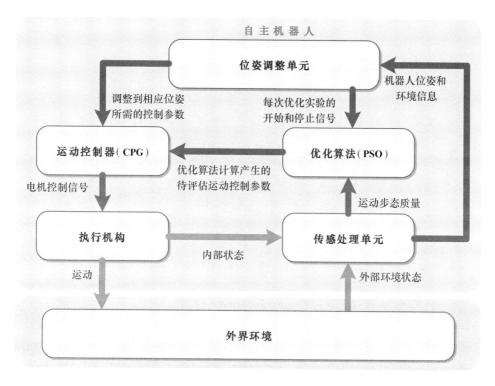

图 5.3　机器人自主优化框架(箭头方向代表命令、机器鱼状态和环境信息等信息流)

元的调整机器人位姿的输入控制参数和来自优化算法计算所产生的有待评估的输入控制参数,并产生可驱动执行机构的输出信号。机器人很多情况下是在空间有限的环境中进行自主步态优化。因此,位姿调整单元主要负责每次优化实验的准备工作,把机器人的位置和姿态调整到一个合理状态,然后再把优化算法计算出的待评估步态参数发送给运动控制器,启动本次优化实验。当机器人到达环境边界时,位姿调整单元会及时结束本次优化实验。每次优化实验后,优化算法根据传感处理单元所评估的步态参数的质量,按照一定的规则更新生成下一次优化实验的待评估参数,通过迭代学习的过程最终寻找到最优运动步态。

5.4.2　自主优化过程

基于所提出的水下机器人自主运动优化框架,设计了仿生机器鱼在有限空间(实验水池)中的自主速度优化实验,所要优化的机器鱼速度函数可表示为 $v_f(\boldsymbol{x})$。其中,$\boldsymbol{x}$ 是有待优化的 CPG 参数空间,包括频率 f、幅度 A_i、相位差 φ_{ij} 和振荡偏置 X_i。

具体来说,使用 PSO 算法优化机器鱼的 CPG 运动控制器的参数;使用压力

91

传感器评估机器鱼的游动速度,在本文第6章将详细介绍;联合使用摄像头和IMU实现对机器鱼的位置和朝向的大致定位,在第8章将详细介绍;使用红外测距传感器准确检测水池边界,作为每次优化实验的停止信号。

图5.4展示的是速度优化实验的场景图。

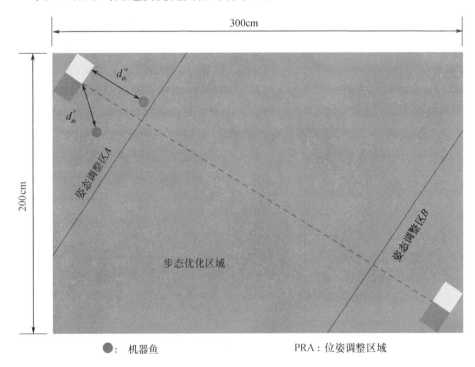

图5.4 PSO算法的实验场景图(d_{th}^r是机器鱼与色块的临界距离,通过摄像头测量获得。当机器鱼与色块的距离小于d_{th}^r时,代表机器鱼已进入位姿调整区。d_{th}^w代表机器鱼与池壁的临界距离,通过红外传感器测量获得)

实验在一个大小为$3m \times 2m$的水池中进行,实验中使用两个色标帮助机器鱼实现大致定位,找到位姿调整区。首先,定义一次有效的步态评估实验为机器鱼正确地开始、执行、停止和评估当前运行的CPG参数。实验过程的流程图如图5.5所示。

接下来,介绍每步的具体内容。

(1)搜寻色块。程序初始化后或每次步态评估实验结束后,机器鱼会旋转身体寻找色块,直到机器鱼看到色块。

(2)游到位姿调整区。当看到色块后,机器鱼将游向色块并且让色块一直保持在自己视野中心。一旦机器鱼与色块的距离小于d_{th}^r,我们认为机器鱼进入

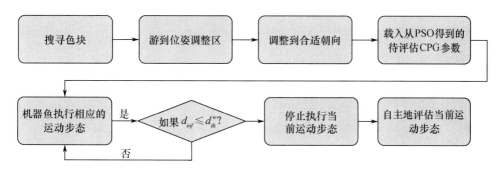

图 5.5　机器鱼自主速度优化实验的流程图

位姿调整区。

（3）调整到合适朝向。当机器鱼进入位姿调整区后,机器鱼将旋转自己直到朝向满足 $\psi_{min}^{A} \leqslant \psi \leqslant \psi_{max}^{A}$（A 区域）或 $\psi_{min}^{B} \leqslant \psi \leqslant \psi_{max}^{B}$（B 区域）,即机器鱼朝着水池开阔区域,以保证机器鱼执行步态评估时游过最远的距离。

（4）载入 CPG 参数并执行游动步态。一旦机器鱼的朝向调整好,它将载入由优化算法计算出的待评估的 CPG 参数,并在步态评估区域执行 CPG 对应的游动步态。

（5）停止执行当前运动步态。机器鱼高速游动时撞到池壁可能会造成损伤,而且机器鱼靠近池壁时会影响压力传感器对游动速度的评估。因此,步态评估开始后,机器鱼上的红外传感器会时刻检测它与池壁的距离,当距离小于临界值 d_{th}^{w} 时,机器鱼会自动停止游动。

（6）当机器鱼停止游动后,此次步态质量会被所携带的压力传感器记录。经过 IMU 测试,机器鱼的加速时间一般为 3s。因此,前 3s 的压力数据在步态评估时会去掉。最后,所评估的速度会传送给 PSO 算法。

5.4.3　自主优化结果

本文主要优化机器鱼的直游速度,需对 CPG 参数做如下限制:$A_1 = A_2$,$X_1 = X_2 = X_3 = 0$,才能保证机器鱼的直游。一方面,机器鱼游速一般和摆动频率成正比[25, 35];另一方面,优化出不同频率下的最大速度可以满足实际应用中对不同速度的需求。因此,我们把鳍肢摆动频率独立出来,在频率为 $f = 1$Hz,$f = 1.5$Hz,$f = 2$Hz 和 $f = 2.5$Hz 时,分别优化如下 CPG 的参数集合:$x = \{A_1, A_3, \varphi_{12}, \varphi_{13}\}$。另外,综合考虑 PSO 算法的收敛速度和电池续航能力,PSO 的粒子个数设置为10,迭代次数也设置为 10。根据机器鱼机械限制和舵机功率限制,本文规定了CPG 各个参数的取值范围,如表 5.1 所列。

表 5.1   PSO 优化中 CPG 参数的取值范围

幅度或相位差/(°) ＼ 频率/Hz	1	1.5	2	2.5
$A_1/(°)$	$0 \sim 30$	$0 \sim 30$	$0 \sim 30$	$0 \sim 30$
$A_3/(°)$	$0 \sim 60$	$0 \sim 50$	$0 \sim 40$	$0 \sim 30$
$\varphi_{12}/(°)$	$-180 \sim 180$	$180 \sim 180$	$-180 \sim 180$	$-180 \sim 180$
$\varphi_{13}/(°)$	$-180 \sim 180$	$-180 \sim 180$	$180 \sim 180$	$-180 \sim 180$

经过前期实验测试,4 个 CPG 参数的搜索速度分别设置为 $V_{A_1}^{max} = (A_1^{max} - A_1^{min})/2$, $V_{A_3}^{max} = (A_3^{max} - A_3^{min})/2$, $V_{\varphi_{12}}^{max} = (\varphi_{12}^{max} - \varphi_{12}^{min})/3$ 和 $V_{\varphi_{13}}^{max} = (\varphi_{13}^{max} - \varphi_{13}^{min})/3$。

对于每个频率下的优化实验,机器鱼要进行 100 次的步态评估测试。测试结果都在线保存在 Linux 系统中的文件中。图 5.6 画出了 4 个频率下速度的优化结果。

可以看出,最优速度和平均速度都会逐渐增加并趋于稳定。经过 PSO 优化得到的 4 个频率 $f = 1$Hz, $f = 1.5$Hz, $f = 2$Hz 和 $f = 2.5$Hz 下的最大速度分别为 31.21cm/s(0.7803BL/s)、37.40cm/s(0.9350BL/s)、40.42cm/s(1.011BL/s) 和 34.37cm/s(0.8593BL/s),并且相应的 CPG 参数为 $\{A_1 = 5.3°$,$A_3 = 60.0°$,$\varphi_{12} = 134.7°$,$\varphi_{13} = -115.3°\}$,$\{A_1 = 8.9°$,$A_3 = 48.9°$,$\varphi_{12} = 146.2°$,$\varphi_{13} = -70.4°\}$,$\{A_1 = 8.1°$,$A_3 = 39.8°$,$\varphi_{12} = -139.7°$,$\varphi_{13} = 98.0°\}$ 和 $\{A_1 = 9.6°$,$A_3 = 29.9°$,$\varphi_{12} = 35.0°$,$\varphi_{13} = 131.3°\}$。可以看出,每个频率下的 PSO 实验,从第六代起得到的最大速度已经比较接近最终的最大速度,这说明算法已经收敛到次优解附近,再经过数次迭代便找到最优速度。实验证明了所开发的机器鱼自主步态优化算法的有效性。

另外,可以发现,和以前理论和实验结果一样[25, 28, 35],机器鱼速度从 1.0Hz 到 2.0Hz 是逐渐增加。频率增加到 2.5Hz 后,机器鱼速度却减小了。实际上,最优参数在频率为 $f = 1.5$Hz,$f = 2$Hz 和 $f = 2.5$Hz 运行时,机器鱼尾鳍舵机已达到最大功率。在功率消耗基本相同的情况下,这意味着机器鱼在频率为 2.5Hz 运动时的效率相对较低。当频率为 1Hz、1.5Hz、2Hz 和 2.5Hz 时,尾鳍的斯特劳哈尔数 St 分别为 0.277、0.302、0.317 和 0.363。根据 Triantafyllou 等[183]研究指出的鱼类最优斯特劳哈尔数的范围 $0.25 < St < 0.35$,也可以证明机器鱼在频率 2.5Hz 游动时的效率相对较低。

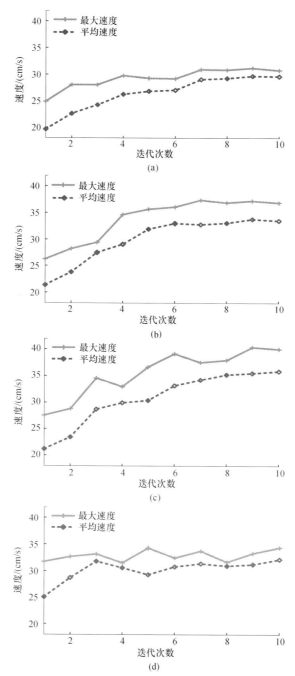

图 5.6　4 个频率下 PSO 优化得到的最大速度和平均速度

（a）$f = 1\,\text{Hz}$；（b）$f = 1.5\,\text{Hz}$；（c）$f = 2\,\text{Hz}$；（d）$f = 2.5\,\text{Hz}$。

第6章 仿生侧线感知系统

生活在水中的鱼类是自然界中最原始的脊椎动物之一,经过残酷的自然选择后,鱼类的运动能力和器官感知能力达到完美的状态,其运动效率、灵活性、加速能力都十分优秀,人们通过比较发现,鱼类的各项性能都优于现有的水下机器人。即使在黑暗的水下环境,依旧可以展现出卓越的游动能力,这是因为鱼类拥有无与伦比的感知系统,通过感知周围水环境的水流变化,给自身提供重要环境信息,从而从容地躲避捕食者、障碍物,增大自身的存活机会。

正是水下复杂环境造就了鱼类功能强大的感知系统,为了应付不同的、复杂的使用环境,水下机器人也开始装备不同的感知系统,现在水下机器人的感知能力主要是依靠超声波和视觉图像处理。但水下环境复杂,水波噪声严重干扰,折射和光照不足等光环境都对水下机器人现有的感知系统造成很强的干扰。如何克服这些客观原因,使机器鱼来感知周围环境,更加精准地完成每项复杂任务,这是一项迫切需要解决的难题。

6.1 侧线系统

侧线系统是鱼类和水生两栖类动物特有的感觉器官,它由分布在身体周围的多个微型的机械感受器单元(神经丘)组成。根据神经丘在鱼体分布位置及形态上的差异,一般将神经丘分为表面神经丘和管道神经丘[9]。鱼类侧线系统使用这两类神经丘感知鱼体周围水动力学特征,获取周围环境信息,其与生物的趋流性、捕食、避敌、群游、生殖等多种行为密切相关[48]。如果我们模仿鱼类侧线感知的工作原理并在工程上实现,开发出仿生的侧线系统,这将提高目前水下机器人的感知能力。

当前的无人潜航器多是通过多普勒分析仪来感知水流信息。多普勒分析仪能测量全局水流速度,同时,它的数值会被用到导航系统里面补偿漂移[184]。相对于水生物高密度分布的侧线系统,多普勒分析仪不能探测局部水流。同时,多普勒分析仪相当昂贵,笨重的仪器还需要耗费大量的能量,所以多普勒分析仪不适合小型水下机器人使用。因此,人工侧线系统设计及其感知能力研究具有重大的科研价值和实际应用价值。通过装载人工侧线系统,仿生机器鱼具有感知周围水环境的能力,我们希望通过人工侧线系统提取来流的速度和来流方向等流体状态特征;区别仿生机器鱼所处水域是分均流、层流和湍流的不同特点。利用人工侧线系统可以让仿生机器鱼对外界振荡源进行定位,从而模仿自然界中鱼类对捕食者的定位;可以感知障碍物的位置,确保仿生机器鱼即使切换自身的游动模态做出有效的避障和路径规划,仿生机器鱼可以顺利完成水下作业提供保障。同时,仿生机器鱼可以运用人工侧线系统,不仅能感知外界事件引起的水环境变化信息,也能使机器鱼在广阔的水域中获取自身运动引起的水环境变化信息,如自身游动速度和运动模态状态信息,并且对仿生机器鱼自身不同的状态进行识别,有利于在突发事件下快速实施有效控制,使机器鱼可以快速完成水中任务。

　　设计人工侧线系统的初衷就是赋予仿生机器鱼感知周围水域流体变化的能力,建立一种区别于以往工程手段的感知复杂环境的方法,提高仿生机器鱼在水环境中运动感知的灵敏度,对于水下障碍物的躲避与自身的路径规划提供了更加精细的感知条件与控制信息,使仿生机器鱼在水中实现精准的位姿控制,确保仿生机器鱼可以顺利完成水下复杂任务。

　　虽然目前已有不少仿生侧线方面的研究成果[5, 9, 28, 30, 185],但大部分研究结果都是在仿生侧线系统静止时得到的,这和鱼类游动时使用侧线感知环境的情况有较大不同。近些年,陆续出现仿生侧线系统在移动时的少量研究。本章将从静止仿生侧线感知和线性移动时的仿生侧线感知运动时两个方面来介绍仿生侧线感知的研究现状。

6.1.1　静止仿生侧线感知

　　仿生侧线系统静止时的水流感知研究相对较多,这里主要介绍水流速度感知、偶极子源定位以及卡门涡街检测的研究现状。

　　(1) 水流速度感知。仿生侧线的水流速度感知一般是指对恒定水流速度的感知。试验通常在一个可以产生恒流流速的循环水槽中进行。在不同的水流速度下记录下仿生侧线系统各个传感器一段时间的测量值。因侧线系统在感知水流速度时保持静止,仿生侧线的水流速度感知相对简单,一般在仿生侧线系统研究中仅作为前期验证试验。水流速度感知研究中常用的方法是基于伯努利方程的数据拟合。Klein 等[71]搭建了一个模仿鱼类管道神经丘功能的仿生侧线系统。作者首先找到每两个相邻传感器测量差值和流速的关系,再对所有相邻传感器测量差值与流速的关系进行平均,最后实现了仿生侧线系统对流速的评估。Salumae 等[186]使用 5 个压强传感器组成的仿生侧线系统,基于水流滞止点压强和自由流速关系,初步建立了流速与身体头部侧部压强差的关系模型。

（2）偶极子源定位。仿生侧线系统对水下物体的定位能有效提高水下机器人的生存能力。鱼类游动时,尾鳍除了产生反卡门涡街外,还产生了一个近似的偶极子流场。很多捕食者通过定位被捕食者所产生的偶极子场捕获猎物[23]。由于偶极子场的产生较为简单,大多数仿生侧线系统的定位研究集中在偶极子源定位。

2006 年,Yang 等[73]首次搭建了仿生侧线系统,并基于极大似然法(Maximu-mlikelihood)实现了仿生侧线系统对平面偶极子振荡源定位。2010 年,Yang 等[22]又搭建了一个仿生纤毛感知器阵列,研究仿生侧线系统的水下三维定位能力。该研究使用一种波速形成算法(Beamforming Algorithm)实现了仿生侧线系统在三维空间内的偶极子振荡源定位。2011 年,Yang 等[74]设计制造出一个模仿鱼类管道神经丘的仿生侧线系统来检测偶极子振动,结果表明,仿管道侧线系统比仿表面神经丘侧线系统有着更为良好的噪声抑制作用。Tan 等[76]运用 IPMC 智能材料制作流体传感器,运用 IPMC 材料在流体中的摆动特性输出不同的电压信号,从而验证了其对水流的感知能力,结合非线性迭代模型与偶极子场解析模型,实现了对偶极子振荡源的位置与方向定位以及振荡幅度检测,为仿生侧线系统定位提供了一种新思路。

（3）卡门涡街检测。涡街感知是仿生侧线研究的一个热点,主要研究仿生侧线如何感知卡门涡街的脱落频率、涡街强度和涡街源位置等特征。Yang 等[73]使用仿生侧线系统实现了对卡门涡街速度分布的可视化。Ren 等[79]使用势流理论对鱼体躯干周围流场进行建模,建立了鱼体躯干管道神经丘对涡街特征的感知模型,用于评估涡街幅宽度、传播速度、鱼体距离涡街距离等参数。Venturelli 等[72]结合时域与频域分析方法,研究了仿生侧线系统对卡门涡街的多种特征,如水流速度、涡街脱落频率以及仿生侧线系统主轴与水流方向夹角等特征。

6.1.2　线性移动的仿生侧线感知

鱼类的侧线感知与自身运动紧密耦合。侧线获得的水流信息中一般包含着外界刺激与鱼体自身运动两种信息源。仿生侧线系统应用到水下机器人上时同样面临着自身运动引起的信号干扰问题。因此,研究鱼体运动下的仿生侧线感知更加具有生物学意义以及实际应用价值。

2013 年,Akanyeti 等[78]首先研究了仿生侧线系统在前后方向上移动时的水流感知问题。该研究基于伯努利方程,以实验方法得到了仿生侧线系统与机器人运动速度,仿生侧线系统与加速度的表达式,并指出仿生侧线在移动速度较低时对加速度感知更加敏感,而移动速度较高时对速度感知比较敏感。2014 年,

Chambers 等[79]研究了仿生侧线系统在纵向和侧向上同时移动时的水流感知问题,发现线性移动下的仿生侧线系统仍可检测出卡门涡街的很多特征,如涡街脱落频率、涡街强度、圆柱体直径以及水流速度等。同时指出,仿生侧线系统在移动时比静止时更有利于感知水流环境。

总体来说,目前,大多数仿生侧线系统对水流速度、偶极子振荡源和卡门涡街感知的研究是在静止模型上开展的,没有考虑机器人主动移动带来的信号扰动,近期出现的被动移动时的仿生侧线研究,仅考虑了纵向和侧向的直线运动,且移动速度较慢。自然界的鱼类自由游动时,其质心在前进方向和侧向上会发生周期性移动,同时,鱼体会产生相对于质心的转动。因此,集成到机器鱼上的仿生侧线系统比线性移动时的水流感知环境更加复杂。将仿生侧线系统集成在可以自由游动的机器鱼上,研究其自由游动时仿生侧线系统对水流的感知问题比以往的基于静止模型的研究更加具有挑战性。本文开发出一套安装在仿箱鲀机器鱼上的仿生侧线系统,并研究了侧线系统对机器鱼自身运动状态[32]和邻居机器鱼运动状态的评估[31]。

6.2　仿生侧线感知单元

我们知道,大部分鱼类和水生物在恶劣的环境下用侧线系统作为主要的感知器官探测周围的环境。一个侧线系统包含很多纤毛感知细胞,称为神经丘。每个神经丘都包含多束感知纤毛,通过纤毛细胞可以感知周围水环境变化。这些神经丘可以分为两种:体表神经丘和侧线管神经丘[187]。所以,人工侧线系统研究最重要的环节就是需要用工程手段设计性能优越的流体传感器,仿真模拟侧线系统中神经丘。

现在仿生侧线研究所使用的流体感知单元一般分为两种:一种是模仿神经丘纤毛细胞来实现的;另一种是商用的压强传感器。例如,文献[22]中所设计的仿纤毛感知器,其结构上传感器末端为刚性硅质悬臂梁,模拟神经丘的纤毛束,压强应变片水平固定在悬臂基座上,一侧与悬梁相连接,另一侧与检测电路相衔接。其工作原理是:当有来流作用于传感器表面时,带动悬臂梁发生倾斜,随之压强应变片发生形变。压强应变片发生形变导致电路中电阻阻值变化,通过检测电路来确定悬臂梁的倾斜情况,实现对流体流动方向和强度的感知。

参照鱼类等水生物的侧线系统的感知细胞,单位感知传感器的确定是整个人工侧线系统设计的核心。单位感知传感器最主要的功能就是能尽量从水环境提取有用的信息,如水流流速、水流压强变化和水流方向等。低噪声和高分辨率是单位感知传感器应该具有的性能。目前,国外在感知传感器上的研究投入很大,性能优越的感知传感器会使人工侧线系统的研究事半功倍。

基于本实验的 MENS 传感器技术的缺陷性,特地借鉴 Maarja Kruusmaa 等的实验研究方法,筛选一种符合要求的压强传感器作为单位感知传感器。通过商用压强传感器的选择,我们确定了压强传感器——CPS131。

6.2.1　压强传感器——CPS131

本章中构成人工侧线系统的压强传感器采用美国 Consensic 公司生产的防水型数字压强传感器——CPS131。该压强传感器是高品质电容式的绝对压强传感器,其分辨率约为 0.1Pa,这一分辨率很低,特别是在探测微波水环境刺激的情况下,压强测量的范围为 30～120kPa。它集成了温度补偿器和 A/D 转换,最终输出数字压强值。从各个压强传感器读取的压强信号都会进行温度补偿确保精度。经过温度补偿和 A/D 转换会发送到 STM32 处理器中进行处理。在微处理器 STM32 的作用下,采集电路会以 40Hz 的频率对压强信号采样。图 6.1 为 CPS131 压强传感器实物图。

图 6.1　CPS131 压强传感器

6.2.2　压强数据读取

压强传感器读取需要压强传感器、传感器采集板、中央控制器——树莓派和 PC 上位机一起共同作用。传感器采集板是通过模拟 ⅡC 与压强传感器连接,然后将采集的压强数据发送给中央控制器处理,中央控制器通过 WiFi 通信将压强数据传输到 PC 上位机,这样实验人员就可以实时观察压强传感器数据变化。图 6.2 所示为压强数据流程图。

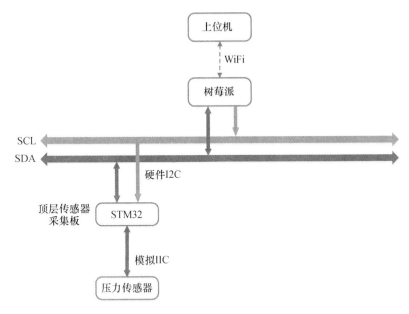

图 6.2 CPS131 压强数据流程图

顶层传感器采集板采用 STM32 系列增强型 STM32F103C8 微处理器,基于 ARMCortex – M3 内核的 ARM7 架构,拥有 72MHz 的工作主频。STM32 当时钟达到 72MHz 时,其功耗仅有 36mA。STM32F103C8 结合了 ARM 架构和 ST 技术,极高的集成度和便捷的库函数使用。正因如此,选取 STM32 微处理器作为传感器采集板的核心控制器,实现传感器信息采集的等功能,运用其模拟ⅡC 总线实现压强传感器数据采集。

基于ⅡC 总线的支持,压强传感器通过ⅡC 总线向 STM32 微处理器传送实时压强数据。首先,STM32 微处理器向传感器发送地址信息和读数据请求,压强传感器接受到请求后发送相应状态和状态信息,STM32 芯片接受到状态信息后给压强传感器相应,两者之间就此建立通信,现在可以发送数据了。

由于ⅡC 总线通信原理,一次只能传输 8 位数据,而每次压强传感器数据是 24 位数据,所以传感器采集板需要 3 个ⅡC 周期时钟来读取压强传感器数据。当 STM32 接受到压强传感器的数据包后,经过解码和排序得到完整的数字压强数据。考虑到整个人工侧线系统不止一个压强传感器,在数据采集的程序编写中采用多路开关控制多个压强传感器的数据通道,这样按顺序依次读取压强传感器的数据。STM32 处理器读取了所有压强数据,将它们打包发送到中央控制器进行数据的计算和处理。

6.2.3 传感器性能评估

采用压强传感器作为单位感知传感器,主要借助其来感知附近水流变化。伯努利原理是水动力学所采用的基本原理,是流体力学的连续介质理论方程的理论基础,阐述的基本规律是:当有水体流动时,流速越大,相应水环境的压强越小。这也是后期人工侧线系统研究的理论基础。我们这里设计进行压强传感器感知能力验证实验:第一,为了进一步说明我选取的压强传感器符合制作人工侧线系统标准;第二,验证了压强传感器的读数符合伯努利原理,为以后人工侧线系统的研究扫平理论基础障碍。

在用压强传感器进行水动力感知能力验证试验时,给其持续提供稳定水流环境至关重要。因此,本文所使用的水洞实验环境为北京大学湍流国家重点实验室中的低湍流水洞。低湍流水洞的实验用水通过软化和过滤,使硬度(碳化钙含量)小于 0.7mg/L。主实验段为敞开式,其工作区域为 0.4m × 0.4m × 6m,流速为 0.1 ~ 1.3m/s,无极调速。辅助实验段为封闭的。实验过程中可以根据自己实验需求自动或手动调节水洞实验段水流的速度。此装置用于湍流基础性研究以及流体力学的基础研究、工程应用等相关实验研究。图 6.3 所示为低湍流实验室。

图 6.3　低湍流实验室

其中主实验段为敞开式,其工作区域为 0.4m × 6m × 0.4m,流速可控,无极调速。这里采用流体力学中压强表检测流体静压强和动压强的思路,使用两个压强传感器,正面压强传感器正对来流方向,侧面压强传感器与来流方向成 $90°$。

丹尼尔·伯努利在 1726 年提出了"伯努利原理"是仿生侧线感知研究的理论基础,它根据流体的机械能守恒提出的水力学常用的基本原理,可以理解为动能、重力势能、压强势能的综合为常数。其最为著名的推论是:在水环境流体等高状态下,流体速度越大,流体相应压强就越小。其表达式为

$$p + \frac{1}{2}\rho V^2 + \rho g h = C \tag{6.1}$$

式中:p 为流体中测量点的压强;V 为流体测量点的流速;ρ 为实验流体密度;h 为该点所在高度;g 为重力加速度;C 为一个常量。

伯努利定律的运用条件是满足以下 4 个假设:一是定常流,即流体在任何一点的性质不随时间改变;二是不可压缩流,并且其密度为常数;三是无摩擦流——摩擦效应可忽略,忽略黏滞效应;四是流体沿着流线流动——流体元素沿着流线而流动,流线间彼此是不相交的。

在流体力学中,基于伯努利方程。如果假设式(6.1)中第三个数学术语表示固定不变的大气压强,这样就可以将其并入常数项。对于动态压强,可以得到

$$P_0 - P_d = 1/2V^2 \tag{6.2}$$

式中:P_0 为总压强也是停滞压强;P_d 为静态压强;$1 = 2V^2$ 为动态压强。一般情况下,流体总压强是不变的,除非外部实验环境改变。总压强是等于静态压强和动态压强的总和。

通过该流体力学关系就是为了迎合上述实验装置设计的,实验装置中前面压强传感器正对水流方向,当水流正面冲击压强传感器接触面时,流水的流速瞬间为零,根据式(6.2)可知,总压强等于静压强,所以正面压强传感器测量的是总压强,也称为停滞压强。左侧压强传感器由于与流水方向成 $90°$,流体不是作用在压强传感器接触面上,压强传感器附近的流速就是低湍流水洞此时设定的流体速度,故压强传感器测量的就是此点的静态压强,按伯努利原理来说,随着流速增大,压强传感器的数据应该减小。

考虑到外界温度或其他因素影响,每个流速下的压强读数持续 2min,水流速度从静止开始每隔 0.04m/s 增加一次,一直增加到 0.48m/s。采集的数据进行了滤波和平均处理后得到如图 6.4 所示的流速与压强关系图。

与水流方向成 $90°$ 的压强传感器 p_2 测量的是静态压强,可以看出,它测量的静态压强随着流速增加而减少,符合伯努利原理。正对水流方向的压强传感器 p_1 测量的是总压强,从实验结果可以看出其变化很小,与理论情况相符。两个

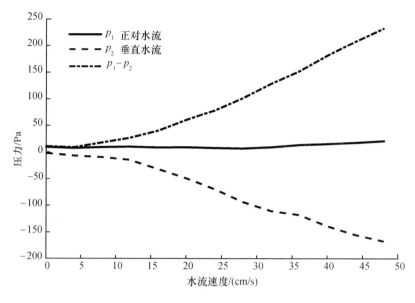

图 6.4　流速与压强关系图

压强传感器的读数之差是总压强减去静压强得到的动压强,可以看出,动压强随流速增大而增大,符合伯努利方程。

通过压强传感器的验证实验,证明了该款压强传感器测量值满足伯努利方程,可以作为仿生侧线研究的基本感知单元。

6.3　仿箱鲀机器鱼侧线系统设计

Nakae 等学者[188]专门研究了箱鲀的侧线系统,发现箱鲀的侧线系统只有表面神经丘,如图 6.5 所示。

整个侧线系统包括眼眶上侧线(Superaorbital Line, SOL)、眼眶下侧线(Infraobital Line,IOL)、耳部侧线(Otic Line, OTL)、耳后侧线(Postotic Line, POL)、上颞骨侧线(Supratemporal Line, STL)、躯干侧线(Trunk Line, TRL)和背部躯干侧线(Dorsal Trunk Line, DTL)。考虑仿生侧线在仿生机器鱼上的实现复杂度,选取 9 个压强传感器模拟眼眶下侧线(IOL)和躯干侧线(TRL),搭建一套仿箱鲀机器鱼的仿生侧线系统,如图 6.6 所示。

其中,p_{L1}、p_0 和 p_{R1} 模拟箱鲀眼眶下侧线。p_{L2}、p_{L3} 和 p_{L4},p_{R2}、p_{R3} 和 p_{R4} 模拟箱鲀躯干侧线。

仿生侧线系统的基本测量单元——压强传感器,采用美国 Consensic 公司生

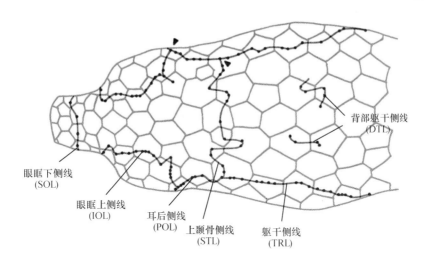

图 6.5 自然界箱鲀的侧线分布

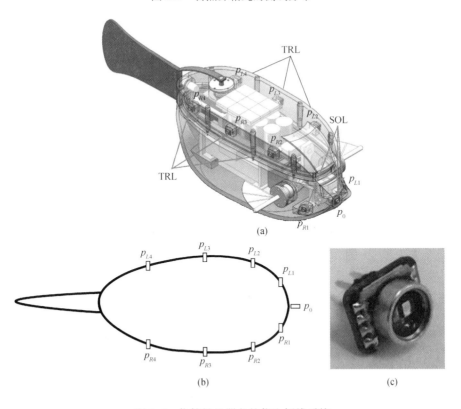

(a)

(b)   (c)

图 6.6 仿箱鲀机器鱼的仿生侧线系统

(a) 三维分布图;(b) 压强分布图(俯视图);(c) 压强传感器 CPS131。

产的防水型数字压强传感器 CPS131。该压强传感器是高品质电容式的绝对压强传感器,其分辨率为 0.1Pa。它集成了温度补偿器和 A/D 转换,最终输出数字压强值。压强测量的范围为 30 ~ 120kPa。传感器的采集频率被设置为 40Hz。

6.4 基于仿生侧线系统的游动模态感知

相比仿箱鲀机器鱼,已问世的绝大多数仿生机器鱼的游动模态都是固定程序编程规定的,不能自主判断自身游动模态信息。所以学者们将仿生机器鱼与全局摄像头搭配使用,通过机器视觉图像处理技术可以实时反映仿生机器鱼在水域中的游动信息。借助外界全局性的视角弥补仿生机器鱼缺点的做法,局限了仿生机器鱼活动范围,只有在全局摄像头范围内才能通过图像处理给仿生机器鱼反馈游动模态信息。同时,当仿生机器鱼在深水域或夜晚时,光线的不足严重影响了全局摄像头的工作,无法保证仿生机器鱼游动模态信息的反馈。

仿箱鲀机器鱼的研发目的是提高仿生机器鱼自主工作能力,不借助外界的反馈信息进行工作,实现高度自主化。可以说,仿箱鲀机器鱼在自主进行水下作业时,如果可以随时得到自身游动模态信息,可以作为下一步自主游动行为判断的基础。目前,仿箱鲀机器鱼的信息感知系统就体现出它的局限性,机器鱼接受不到游动模态信息。人工侧线系统对水环境的感知能力正好弥补这个缺点。

仿箱鲀机器鱼的人工侧新系统是根据箱鲀的侧线系统分布设计的,9 个压强传感器根据仿生性分布在仿箱鲀机器鱼的外壳上。基于自然界中箱鲀的侧线系统分布特点,可以使用人工侧线系统对仿箱鲀机器鱼周围水环境压强变化进行感知,并对感知的压强信息进行处理。仿箱鲀机器鱼外壳体表面水环境压强变化的主要原因包括自然界水流经过其表面引起的压强变化和自身运动引起的水环境压强变化。想得到仿箱鲀机器鱼的游动模态信息,其实就是要借助人工侧线系统感知仿箱鲀机器鱼在不同游动模态下自身运动引起的水流压强变化,不希望外界水流对压强传感器的读数造成影响。因此,我们选择水池作为实验场地,水池的水域属于净水域,确保了游动模态感知的实验环境。

仿箱鲀机器鱼的游动模态生成对游动模态感知实验至关重要。鱼类等水生物在水中通过身体和鱼鳍的协调运动,获得了不同的游动模态应付复杂的水下环境,从而获得很高的游动效率和灵活性。为此,我们引进了一种仿生物的运动控制算法——中枢模式发生器(CPG),通过改变 CPG 运动控制参数使仿箱鲀机器鱼执行不同的常用游动模态,这样,仿箱鲀机器鱼的游动模态得以解决。最后,通过人工侧线系统感知不同游动模态的压强信息。

6.4.1　直游模态评估

通过改变 CPG 运动控制参数 $\{a_i, x_i, f\}$ 使仿箱鲀机器鱼做前向运动。实验中,仿箱鲀机器鱼摆动频率 $f = 1\,\mathrm{Hz}$,当尾鳍控制参数 $a_3 = 15°$、$x_3 = 0$,胸鳍参数 $a_1 = a_2 = 0$、$x_1 = x_2 = 0$ 时,这样,仿箱鲀机器鱼就做向前运动。当仿箱鲀机器鱼在前向运动模态下游动时,我们将人工侧线系统感知压强信息传送到上位机进行数值分析。图 6.7 所示为前向运动的压强特征,显示了 4 个压强传感器(p_1,p_3,p_4,p_7) 在前向运动下的压强数据信息,这 4 个压强传感器对称分布在仿箱鲀机器鱼两侧。

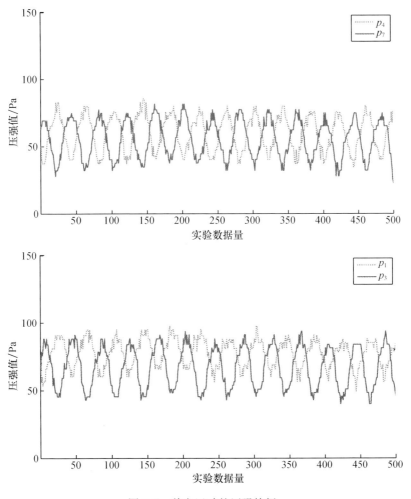

图 6.7　前向运动的压强特征

通过仿箱鲀机器鱼游动模态数据比较可知,仿箱鲀机器鱼对称两点水环境压强数据也是对称交替呈现的,整体趋势是左右两点压强数据平均值相同,其中数据虚线代表左侧数压强传感器,数据实线代表右侧压强传感器。单个压强传感器的数值变化呈现类正弦曲线分布主要是因为仿箱鲀机器鱼在运动时,仿箱鲀机器鱼头部会产生摆动运动,当仿箱鲀机器鱼头部运动到极限位置时,压强传感器数值会出现在波峰的位置。当然,数据中会出现压强数据变大的现象,主要是因为仿箱鲀机器鱼水深变化带来的影响,多以此时压强值大于其他时刻的压强值,不得不说,水深变化对压强值变化影响很大。

6.4.2 转弯模态评估

通过改变 CPG 运动控制参数 $\{a_i, x_i, f\}$,使仿箱鲀机器鱼做左转右转运动。实验中,仿箱鲀机器鱼摆动频率 $f=1\text{Hz}$,当尾鳍控制参数 $a_3=15°$、$x_3=20°$,胸鳍参数 $a_1=a_2=0$、$x_1=x_2=0$ 时,这样,仿箱鲀机器鱼就做左转运动。实验中,仿箱鲀机器鱼摆动频率 $f=1\text{Hz}$,当尾鳍控制参数 $a_3=15°$、$x_3=-20°$,胸鳍参数为 $a_1=a_2=0$、$x_1=x_2=0$ 时,这样,仿箱鲀机器鱼就做左转运动。左转模态下,右侧运动路径大于左侧运动路径。右转模态下,左侧运动路径大于右侧运动路径。这样两侧的压强传感器会呈现不同的特征。图 6.8 和图 6.9 所示为仿箱鲀机器鱼右转和左转时的压强传感器记录的压强特征。

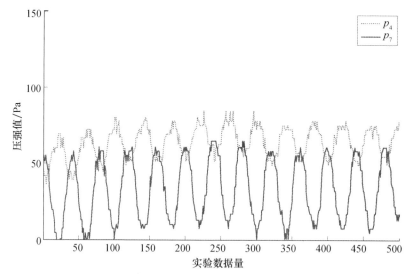

图 6.8　右转运动的压强特征

选取对称点 p_4、p_7 的实验数据说明模态信息,其中 p_4 代表仿箱鲀机器鱼左侧压强传感器列阵的数值,用虚线呈现;p_7 代表仿箱鲀机器鱼右侧压强传感器列阵的数值,用实线呈现。我们通过仿箱鲀机器鱼对称位置的压强传感器的数据描述转弯过程周围水环境压强特征。通过图 6.8 可以看出,当仿箱鲀机器鱼做右转运动时,鱼身右边压强值大于鱼身左边压强值。

相似的结果通过图 6.9 可看出,当仿箱鲀机器鱼做左转运动时,左边压强值大于右边压强值。

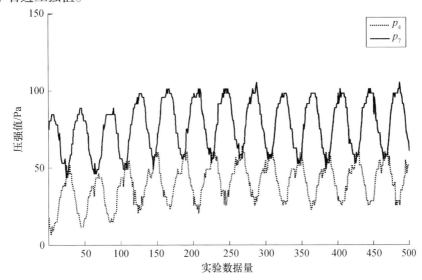

图 6.9　左转运动的压强特征

6.4.3　升潜速度评估

通过改变 CPG 运动控制参数 $\{a_i, x_i, f\}$ 使仿箱鲀机器鱼做左转右转运动。实验中,仿箱鲀机器鱼摆动频率 $f = 1\text{Hz}$,当尾鳍控制参数 $a_3 = 0°$、$x_3 = 0°$,胸鳍参数 $a_1 = a_2 = 15°$、$x_1 = x_2 = 20°$ 时,这样,仿箱鲀机器鱼就做下潜运动。实验中,仿箱鲀机器鱼摆动频率 $f = 1\text{Hz}$,当尾鳍控制参数 $a_3 = 0°$、$x_3 = 0°$,胸鳍参数 $a_1 = a_2 = 15°$、$x_1 = x_2 = -20°$ 时,这样,仿箱鲀机器鱼就做上升运动。图 6.10 所示为仿箱鲀机器鱼在进行上升运动和下潜运动的压强特征。

在整个运动过程中,曲线上升表示仿箱鲀机器鱼在做下潜运动,曲线下降表示仿箱鲀机器鱼在进行上升运动,并且对称点上压强传感器读数变化一致。可以看到,上升曲线的斜率大于下降曲线的斜率,这是因为整个过程上升过程除了胸鳍提供的推力外,还受到自身浮力的作用,从而上升速度比下降速度快。因此,才有相应的压强数据规律。正如前面所述,仿箱鲀机器鱼在做前向运动时,

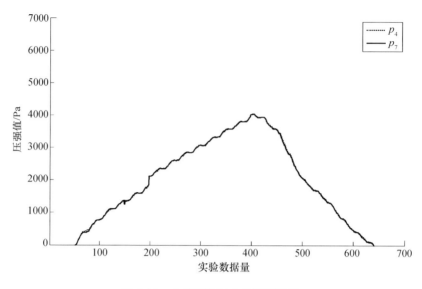

图 6.10　上升下潜运动的压强特征

周围水环境压强会有微弱的变化。但在这里水深变化给压强传感器带来的变化远远大于自身运动带来的压强变化,所以我们通过水深水压的变化就能很好地说明上升运动和下潜运动。

6.5　游动速度评估

近年来,仿生水下机器人已成为机器人领域的研究热点之一。对机器人来说,获知自身游动速度很重要。游速评估是机器人定位导航的基础。但目前绝大多数水中机器人无法估计自身游动速度。因此,本文研究基于仿生侧线的仿箱鲀机器鱼自由游动时的速度评估,为水下机器人速度评估提供一种新思路。

6.5.1　实验设计

本书仅研究仿箱鲀机器鱼在二维平面内自由游动时的直线速度。一般来说,机器鱼直游时,身体不同位置会受到不同的压强。游速不同时,鱼体同一位置所受压强也不同。因此,本书通过实时记录仿箱鲀机器鱼在自由游动时不同游速下的压强数据,分析仿生侧线系统和机器鱼游速之间的潜在关联,最终建立仿生侧线系统与游速之间的关系模型。由于自由游动时没有任何约束,因此,可能因鱼体倾斜或垂直方向的位移,导致压传在深度上的变化。根据液体压强公式,水深对压强影响很大。为了保证仿箱鲀机器鱼自由游动时所携带的压强传感器在深度上不发生变化,需满足以下两个条件:机器鱼质心在垂直平面内不发生改变;机器鱼翻滚角和俯仰角为零,即鱼体不产生倾斜。首先,机器鱼使用尾鳍推进时只产生平面内的力,因此,把机器鱼密度配置的稍小于 $1000\mathrm{kg/m^3}$ 即可满足条件一。其次,机器鱼所携带的 IMU 可直接判断姿态角是否满足条件。因此,我们对机器鱼的质量分布做微调,直到满足第二个条件。经过精确质量配平,机器鱼自由游动时的状态满足条件。图 6.11 所示为仿箱鲀机器鱼满足第二个条件时自由游动下的姿态角数据。

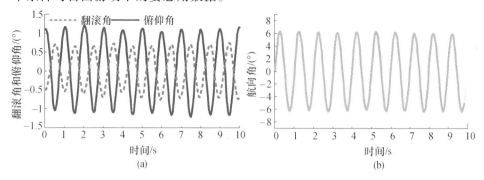

图 6.11　仿箱鲀机器鱼游动时的姿态角
(a) 俯仰角和翻滚角;(b) 航向角。

可以看出,仿箱鲀机器鱼的航向角、俯仰角和翻滚角在周期性振荡,这是鱼类游动的一个重要特征。这种振荡导致压传读数也会周期性振荡。当仿箱鲀机器鱼翻滚角和俯仰角的振荡中心都在 0° 附近时,振荡引起的压强变化在平均意义为零。从图中也可看出,航向角的振荡中心也是恒定的,说明仿箱鲀机器鱼游动的轨迹是一条直线。

侧线感知实验在 $3\mathrm{m}\times2\mathrm{m}\times0.3\mathrm{m}$ 的水池开展。以前研究表明,仿生机器鱼游动速度和摆动频率具有线性关系,因此,试验中仿箱鲀机器鱼频率从 0.7Hz 到 2.0Hz 变化,以得到不同游动速度,其他 CPG 的控制参数为 $\{A_1 = A_2 = 0, A_3 = 15°, X_i = 0, \varphi_{ij} = 0, i = 1,2,3\}$,如图 6.12 所示。实验过程如下:开始时,仿箱鲀机器鱼静止在水池一侧,然后开始游动,此时,仿生侧线系统实时记录压强数据,IMU 实时记录姿态和角速度信息。机器鱼一直游到水池另一侧池壁时停止,避免池壁对压传读数造成影响。

分析处理时,去除掉仿箱鲀机器鱼加速阶段的数据,使用截止频率为 5Hz 的低通滤波器去除干扰。仿箱鲀机器鱼实际游动速度由固定在水池上方的摄像头获得。

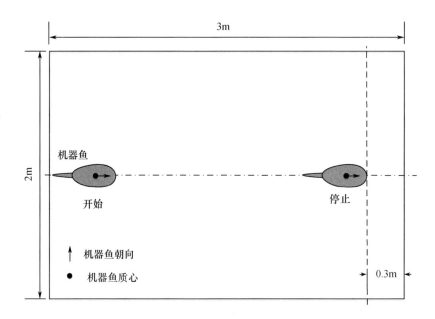

图 6.12　仿生侧线速度评估实验的示意图

6.5.2　实验结果分析

图 6.13 展示了仿箱鲀机器鱼在频率 1.2Hz 游动时各个压强传感器的测量值。

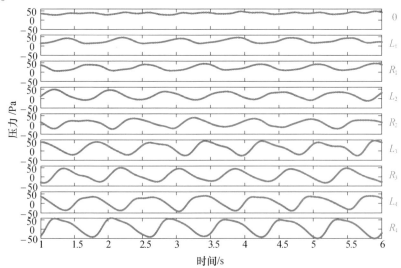

图 6.13　仿箱鲀机器鱼自由游动时各个压强传感器的读数

可以看出,机器鱼游动时,其身上的 9 个压强测量值都在振荡,经分析得知,振荡主频率与尾鳍摆动频率相等。另外,可以看出,压强振荡幅度从鱼头到身体两侧逐渐地增大,但压强平均值却从鱼头到身体两侧逐渐减小。这样的压强分布对理解鱼类侧线感知可能会有帮助,但考虑到本文主要研究基于仿生侧线的机器鱼游速评估,这里不对压强分布特征及规律做深入分析。图 6.14 画出了 9 个位置的平均压强与游速之间的关系。

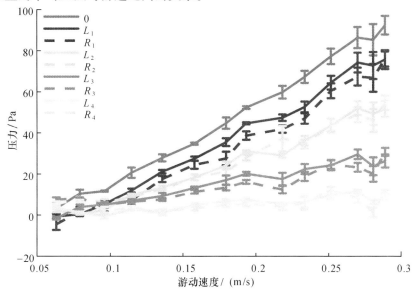

图 6.14　仿箱鲀机器鱼游动时 9 个位置的平均压强随游速的增大而增加

鱼头最前端(p_0)的压强随速度的变化最大,机器鱼身体两侧对称位置的压强值比较接近,压强从鱼头到鱼尾递减。进一步分析发现,图 6.14 中各压强点的测量值并不仅由线速度引起。因为当仿箱鲀机器鱼以一定速度被动直线移动时,其最前端压强为滞止压强(p_s),应满足

$$p_s = p_{fs} + \frac{1}{2}\rho V^2 \tag{6.3}$$

式中:ρ 为水的密度;V 为机器鱼的拖动速度;p_{fs} 为静止时的压强,这里它等于参考压强(0Pa)。因此,机器鱼被动直线拖动时,其最前端的压强值等于 $1/2\rho V^2$。很明显,图中最前端(p_0)压强测量值大于理论值,如图 6.15 所示。

本章通过分析仿箱鲀机器鱼的游动特征,推测测量值和理论值的压强差异是由仿箱鲀机器鱼游动时的身体振荡引起的。进一步,计算了仿箱鲀机器鱼侧向加速度、轴向加速度和角速度的振荡幅度与这个压强差的相关系数,结果发现,仅角速度振荡幅度和压强差有较高的相关系数。进一步分析,发现仿箱鲀机

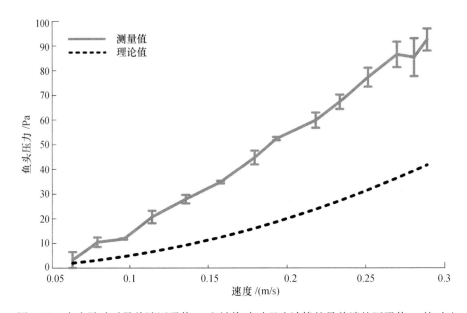

图6.15　自由游动时最前端压强值 p_0 和被拖动时理论计算的最前端的压强值 p_s 的对比

器鱼角速度的振荡幅度会随着游动速度的增加而增大,如图6.16(a)所示。鱼头测量的压强值与理论压强值之差和角速度振荡幅度的关系非常明显,如图6.16(b)所示。

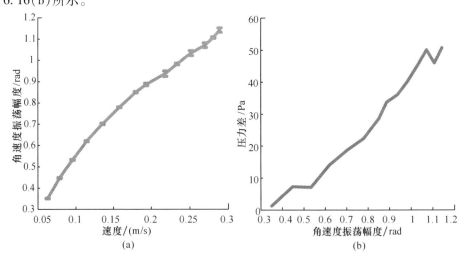

图6.16　鱼头测量压强与理论压强之差随着角速度振荡幅度的增加而增大
(a)角速度震荡幅度－速度对应变化图;(b)压力差－角速度震荡幅度对应变化图。

　　这说明仿箱鲀机器鱼自由游动时,线速度和鱼体振荡都会对压强分布造成影响。根据以上分析,提出使用仿生侧线评估自由游动速度的模型为

$$p_h = av^2 + bv + cw^2 + dw \tag{6.4}$$

式中:v 为仿生机器鱼游动速度;p_h 为鱼头压强平均值;w 为鱼体角速度振荡幅度。由图 6.14 可得,仿箱鲀机器鱼游动时,鱼头压强变化最为明显,因此,模型使用鱼头 3 个压强传感器的平均值作为鱼头平均压强:$p_h = (p_0 + p_{L1} + p_{R1})/3$。使用非线性回归模型可求取式(6.4)中的待定系数 $a = -245.0824$, $b = 365.2903$, $c = 64.9191$, $d = -0.9552$。进一步从式(6.4)中可以反解出速度 v,即

$$\hat{v} = -\frac{b}{2a} + \frac{\sqrt{b^2 - 4a(cw^2 + dw - p_h)}}{2a} \tag{6.5}$$

式中:$\hat{v}$ 为所评估的机器鱼的游动速度。图 6.17 画出了仿箱鲀机器鱼自由游动时,使用仿生侧线所估计出的速度与实际速度的对比。

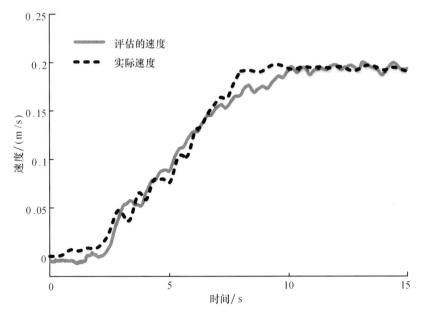

图 6.17　仿箱鲀机器鱼游动时基于式(6.5)的速度在线估计的效果

　　实验过程如下:开始时,仿箱鲀机器鱼保持静止;$t = 2s$ 时,开始游动,速度逐渐增加;$t = 9s$ 时,速度保持不变。经分析得到,仿生侧线所评估出的仿箱鲀机器鱼游动速度误差一般小于实际速度的 10%。实验证明,仿生侧线可以较为准确地评估仿箱鲀机器鱼游动速度。

6.6　邻居仿箱鲀机器鱼状态评估

鱼类可以利用侧线感知涡街从而对捕食者或被捕食者进行定位。另外,鱼类侧线对鱼群的形成也起到了一定作用[189]。从鱼类侧线在鱼群行为中的作用得到启发,本节主要研究仿生侧线系统对邻居仿箱鲀机器鱼运动状态的评估。具体来说,仿箱鲀机器鱼的仿生侧线对前方仿箱鲀机器鱼游动时产生的反卡门涡街的感知,可以评估出从它的运动状态和相对状态,如摆动频率,当前仿箱鲀机器鱼与前方仿箱鲀机器鱼的距离。本文为仿箱鲀水下机器人的近距离信息感知提供了一种新的方式。

6.6.1　实验设计

首先需要确定仿箱鲀机器鱼尾鳍摆动时是否产生了稳定的反卡门涡街。只有仿箱鲀机器鱼游动时产生了稳定的反卡门涡街,才能较为有效地从仿生侧线数据中分析中规律。涡街显示实验的装置如图 6.18(a) 所示。

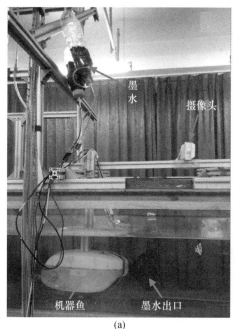 

(a)　　　　　　　　　　　　　　(b)

图 6.18　邻居仿箱鲀机器鱼侧线感知实验装置

(a) 涡街显示实验装置图;(b) 邻居状态感知实验装置图。

　　具体来说,在尾鳍上安装一个软管,该软管的一端连接染料瓶,另一端粘贴在尾鳍上,软管的粘贴方向应该顺着水流流动方向。由于重力作用软管内的染料会向外释放,当尾鳍摆动时,染料会跟随水流运动从而显示出尾鳍摆动的尾迹,同时,安装在尾迹上方区域的摄像机录制尾鳍摆动形成的尾迹。

　　图 6.19 所示为机器鱼尾鳍摆动产生的两个旋转方向相反的涡。

　　进一步对比分析实验视频发现,当尾鳍摆动到最大摆幅后向相反方向摆动时,会形成一个向尾迹外旋转的涡,尾鳍在一个摆动周期内会在尾鳍后方两侧形成两个旋转方向相反的涡。当尾鳍从左向右摆动到右侧最大摆幅时,尾鳍运动速度为零,但尾鳍左侧水流由于惯性的作用仍然会沿左上到右下的方向斜向流动,而瞬间尾鳍反向向左运动水流卷入尾鳍右面从而逐渐形成一个涡体,并在从右往左运动的过程中充分发展并受到水槽水流流动的影响脱落出去。尾流中的非对称涡旋被不断地做往复运动,最后构成斜向涡街流态。通过研究尾鳍摆动产生的反卡门涡街为仿生侧线感知涡街提供了一种参考,具有重要的实验意义。

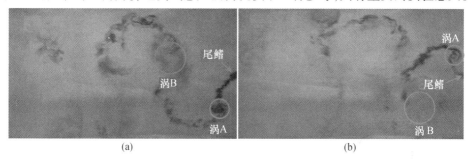

(a)　　　　　　　　　　　　　　(b)

图 6.19　流速为 0.2m/s 时尾鳍摆动产生的反卡门涡街
(a) 尾鳍摆动频率为 1Hz、摆动幅度为 20°时的涡街;
(b) 尾鳍摆动频率为 1.5Hz、摆动幅度为 20°时的涡街。

　　邻居仿箱鲀机器鱼侧线感知实验装置如图 6.18(b) 所示。水槽上方安装有一套六轴导轨装置。该装置使用 STM32 控制 6 个步进电机带动 2 个丝杆的运动,从而使与丝杆相连接的活动轴 A/B 分别带动两条仿箱鲀机器鱼 A/B 在三维空间下进行精确的位置移动。

　　仿箱鲀机器鱼 B 上的仿生侧线系统用来检测 A 摆动时产生尾迹中水流的压强变化。在实验中发现,当前面仿箱鲀机器鱼游动时,会产生水面波动从而导致水中静压变化。因此,在 B 的正上方水面上放置一块平板以抑制水面波动,如图 6.18(b) 所示。

　　实验中,两条仿箱鲀机器鱼处于同一条纵向直线,它们在水下的深度为 0.15m,如图 6.20 所示,实验具体过程如下。

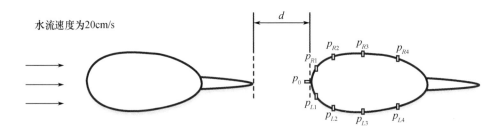

图 6.20　邻居仿箱鲀机器鱼侧线感知实验的俯视图(实验中,两条仿箱
鲀机器鱼之间的纵向距离为 d,侧向距离为 0,水流速度为 0.2m/s)

第一步,仿箱鲀机器鱼 A 被提升到水面以上,B 在水下记录 30s 的压强数据,作为 B 感知涡街信息的参考值。第二步,A 被放置到水深 0.15m 处,并以 1.5Hz 的频率摆动,产生稳定的反卡门涡街。第三步,5s 以后 B 开始记录压强数据并持续记录 30s。第四步,B 的数据记录完毕后,A 又被提起到水面以上,为下次数据测量过程做准备。实验中,两条仿箱鲀机器鱼的距离从 0.04m 到 0.4m,每隔 0.02m 在每个距离下记录 5 次数据。

6.6.2　实验结果分析

图 6.21(a)为后方仿箱鲀机器鱼 B 感知反卡门涡街时的压强读数。

对压传测得的幅值进行分析发现,鱼头 0 号压传压强值最大而且为正值,而鱼头左侧 L_1 和右侧 R_1 的压强值较小且都为负值,即鱼头顶端压强较大而两侧压强值较小。仿箱鲀机器鱼 A 尾鳍摆动产生的涡的中心区域为负压区,这些涡周期性作用在 B 的鱼体,从而 B 身体周围的压强也呈现出周期性波动。当反卡门涡街出现时,涡街中心产生的诱导速度方向和鱼体后流场速度方向相同,使流场中形成的尾流类似于向后的喷流,因而,鱼头顶端处受到水流正面冲击而使鱼头顶端处压强为正。涡流进一步沿着流线型鱼体向后传播,由于涡中心为负压,所以鱼体两侧的压强为负。另外,对压传数据进行频谱分析找到幅值最大点对应的频率值,这个频率值就是尾鳍摆动产生反卡门涡街的脱落频率并且和尾鳍摆动频率相一致,如图 6.21(b)所示。所以通过仿生侧线系统能够明显探测到附近仿箱鲀机器鱼尾鳍摆动的频率,尤其是 L_1 和 R_1 能够准确检测出尾鳍的摆动频率。

图 6.22 画出了压强平均值和标准值随着距离的变化图。可以看出,只有头部 3 个压强传感器的读数与相对距离有明显关系,身体两侧的压强基本没有变化,因此,仅对头部 3 个压强位置做详细分析。

首先,如图 6.22(a)所示的压强与相对距离的关系,0 号压传的幅值随着仿

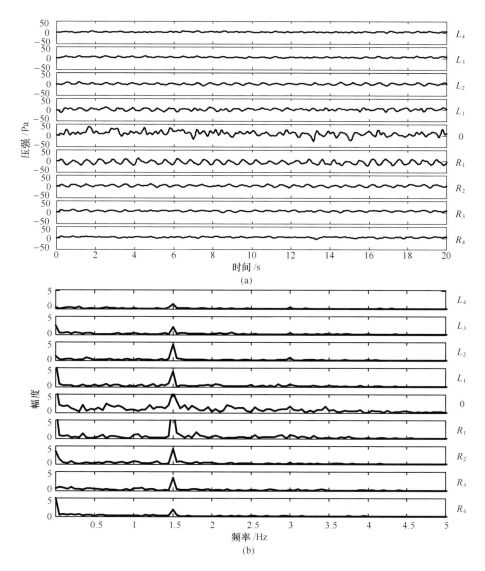

图 6.21　当两条仿箱鲀鱼距离为 0.15m 时的压强读数与频谱分析

（a）压强读数；（b）频谱分析。

箱鲀机器鱼 A、B 之间距离的增加呈减小的趋势，当距离大于 0.26m 后，变化的趋势趋于平缓；L_1、R_1 号压传的幅值呈现增大的趋势，在 A、B 之间的距离大于 0.26m 后，L_1、R_1 号压传的幅值和 0 号压传趋于一致。从压强值上反应的信息来看，在两条仿箱鲀机器鱼的距离在 0.26m 内时，由于 A 尾鳍的摆动，其正后方的 B 会受到较大的压强冲击，从而导致 0 号压强传感器位置始终为正值，而在 A

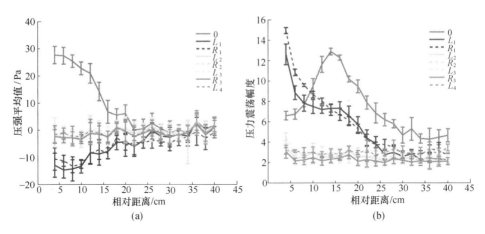

图 6.22　压强平均值和标准差随着距离的变化图
（a）平均值；（b）标准差（STD）。

的两侧涡的经过会形成负压区。随着 A、B 间距的增大，A 摆动产生的涡街作用逐渐减弱，3 个压强位置的数值逐渐趋于 0。

其次，如图 6.22（b）所示的压强震荡幅度与相对距离的关系，其中横轴表示两条仿箱鲀机器鱼之间的前后间距，纵轴表示各压传的标准差。0 号压传随着距离的增加标准差先增大而后减小，转折点是前后间距为 0.14m 时，即从 0.04m 到 0.14m，标准差是逐渐增大的，这是由于 A 的摆动尾鳍距离 B 的头部较近时尾涡未能完全脱落形成，当超过 0.14m 时，尾鳍摆动引起的涡正式形成且强度最大，随着距离的增大涡会逐渐消散，压强的标准差也会逐渐减小。L_1 和 R_1 压传的标准差在 0.04m 到 0.4m 的范围内始终是减小的趋势。

第7章 水下电场通信

由于水环境的特殊性,水下机器人通信受到很多限制,不像陆地和空中机器人那样方便自如。每一种水下通信技术一般都有其适用的范围。水下多机器人编队一般要求机器人之间可以实时通信,但研究发现,目前,水下实时通信并没有很好地解决。因此,本章旨在开发一种通信稳定、功耗低和环境适应性强的近距离实时水下通信方法,为水下多机器人编队提供一种稳定的直接通信方式。

水声通信为无人潜航器提供一种良好的通信解决方案,是目前使用范围最广的水下通信方法[190]。但水声通信有着其固有的特点,不太适合运动中的水下通信。首先,水声信道是一个多途、色散和时变的信道,这导致声波在水中的传播行为十分复杂。其次,在有限水域使用时,水声信道受多径效应影响严重,通信误码率高。最后,由于声音是一种机械波并且在水中传播速度较低,因此,水体运动和水中障碍物对水声通信的影响很大。总体来说,水声通信不太适用通信传播速率要求高,应用水域较小且地形复杂的水环境中[191]。近年来,水下光通信方法成为了一种新型的近距离高速通信技术,该技术以光波作为信息传播的载体,解决了水声通信设备体积大、传输速率慢、传输延迟大等问题[192, 193]。但光通信容易受到水质影响,如海水中的悬浮颗粒和浮游生物等都会对光传播造成很大影响,因此,水下光学通信目前一般适应于清洁的水质环境中。水下机器人将来会向小型化和群体化发展。因此,开发一种通信稳定、功耗低、实时性好和环境适应性强的近距离水下通信方法非常有必要。

7.1 水下通信技术

通信系统是用以实现信息传输过程的技术系统的总称。现代通信系统主要依靠电磁波在自由空间的传播或在导引媒体中的传输机理实现,前者称为无线通信系统,后者称为有线通信系统。通常,在水下都是无线通信系统,下面简要介绍几种常见的水下无线通信技术。

7.1.1 水下电磁波通信

海洋环境下的通信有其独特的特点,因为海水的良好导电性,电磁波在海水中的传播衰减非常大[194]。许多常见的通信方法在空气中能够建立很好的数字通信,但是在水中不能工作。例如,蓝牙、无线宽带等无线电模块,它们的工作频率在 2.4GHz 左右,高频无线电在水中衰减严重[195]。如图 7.1 所示,频率越高,电磁波在水中的衰减越大,当频率高于 10^8Hz 时,衰减呈指数增加。尤其在电导率高的海水当中,衰减更为严重[196]。

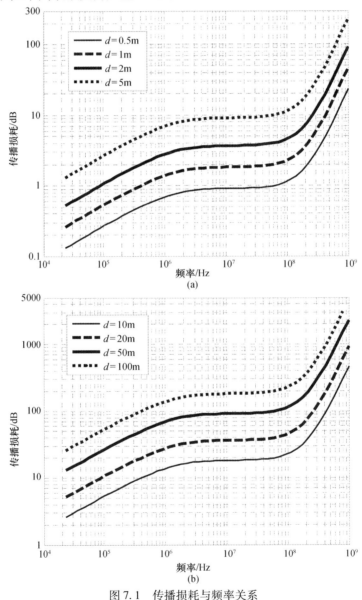

图 7.1 传播损耗与频率关系

如图 7.2 所示,假设海水的平均电导率为 4S/m,淡水的电导率为 0.05S/m,2.4GHz 的电磁波在海水中衰减约 1600dB/m,在淡水中衰减约 190dB/m,在水中以高频率通信显然不现实。

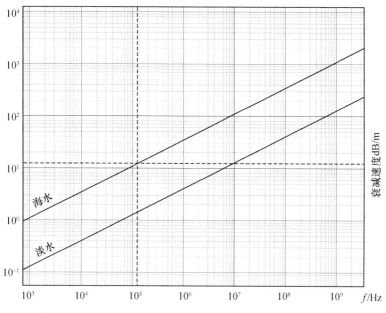

图 7.2　电磁波在海水与淡水中衰减近似值(摘自文献[195])

同时,信号强度随发送者和接收者之间的距离增加而呈指数衰减,这就意味着发射功率必须指数增加,才能扩展通信距离。

一般低频无线电在水中衰减很小,所以要想在海水中传播较远的距离,就必须采用很高的发射功率和非常低的发射频率。例如,核潜艇为了有效地进行通信联络,其普遍采用先进的极低频(Extremely Low Frequency,ELF)系统[197]。它能有效用于深度潜航或高速航行中的潜艇的无线电通信。但在低载波频率的同时,又限制了有效的数据带宽,而且设计有效宽带低频天线是困难的、复杂的,特别在有效空间受到限制时。例如,对于 10kHz 的载波频率,在真空中的波长接近 3km,在水中传播时波长为它的 1/3,ELF 天线的长度约为 1/2mile 以上,形状也十分特殊。受体积、工作环境限制,无人潜航器外部拖拽长天线是不可行的。

7.1.2　水下光学通信

现代无线电通信在水中是不适用的,虽然可以建立超长波、极长波水下通信系统,但是传递一份简单的报文费时很长。以光波作为信息载体的水下光学通信方法因其通信速率高而引起了人们的重视,是一种近距离高速通信方法,该方法克服了水声通信传输速率慢、传输时延大等不足,拥有大数据通信能力。水下光学通信收发器原理一般如下:发射端把将要发送的数据进行编码,然后用这些数字信号控制发射 LED 的亮灭,完成数据的发送;在接收端,接收 LED 感知外界光信号的变化,把光信号转变为电信号,然后对电信号进行放大滤波整形处理,最后送入解码器,这样就完成了一次水下光学通信。

早在 1995 年,Bales 和 Chryssostomidis[198]利用非常专业且硬件昂贵的定向光发射机在清洁的水中实现了最远 20m 通信速率达到 10Mb/s 的光学通信。

此外,为了有效地进行工作,光学通信装置必须对齐放置,当在海底工作时,这是一个很艰巨的任务,并且海水当中的悬浮颗粒和浮游生物等因素会对光波在水下传播产生影响,其应用的环境受到一定影响,一般适应于清洁的水质环境当中[199]。

最后,水下光学通信时光波的频率是一个重要的参数,蓝绿激光因其对海水的极佳穿透能力而引起了人们的重视,发达国家非常重视用蓝绿激光进行水下探测、搜索、通信、海底地貌的测绘及其他科学实验[200],用于探测潜艇的蓝绿激光在海水中的穿透能力在未来最终可望达到 600m。

7.1.3　水下声学通信

水声通信是当今最常用的水下无线通信方法,其技术成熟,使用范围也最为广泛。机械波在水中能够传播很远的距离,可利用声波在水下良好的传播性实现水下远距离通信。当通信频率为 5 ~ 10kb/s 时,其通信距离最远可达数千千米;当在更短的距离通信时,通信速率可达到数百 kb/s[201]。

传统的水声模块使用频移键控调制解调方式,但现代水声模块为了提高水声通信的速率,选用带宽利用率更高的通信方式,如现在使用最多的是正交相移键控和差分相移键控调制方式[202]。

影响水声通信的物理因素很多,主要包括传播延迟大和延迟方差大、传播损耗大、多径效应明显、浅海环境噪声强、多普勒频散严重等。水声通信法根据使用的水环境和具体用途,各有其特点。水声信道有以下特点[203]。

(1)盐度、温度、压力影响传播速度,使得传递媒介高度折射。

(2)在高频声波频率时,即使短距离都具有强烈的衰减。因此,在带宽和损耗之间必须找到一个妥协方案。

(3)海床的地质结构和水面形成一个不明的回响环境。

(4)水声信道的时变和多路径。

(5)接收信号的多普勒频移,即使发送器和接收器不移动。

（6）发送器的布置限制，虽然没有光发送器那么严格，但依然是一个问题。

（7）发送器的低效率。

（8）不一样的噪声来源，更低的频率具有更高的噪声。

7.2　水下电场通信研究现状

据公开发表资料，水下电场研究始于 20 世纪 70 年代初期，所涉及的领域也非常多。1971 年，美国康涅狄格大学的 C. W. Schultz 在会议上发表一篇关于水下电场通信的文章。该文章简要介绍了水下电场工作原理，还介绍了一个基于此原理的潜水员水下通信装置，该装置能够实现潜水员在水深 30m、距离 100m 之间的语音通信，其通信装置的功耗 10W 左右。

1976 年，日本海洋科学与技术研究中心发表一篇文章，该篇文章在水下电场通信领域最具有代表性，也是对水下电场通信原理分析最透彻的文章。文章从理论上分析了水下电场通信的机理，给出了比较精确的物理模型。该文章的研究初衷是想把水下电场通信技术用在潜艇上面，包括潜艇与母船之间和潜艇与潜水员之间的通信。该研究还展示了通过水下电场通信的方式传送图片，而且原始图片与接收图片对比图失真并不是很大，具有一定的利用价值。文章最后没有说明具体的研究结果，但是给出了一些验证性实验。验证水下电场通信距离与哪些因素有关，该文章提出了影响水下电场通信距离的因素：发射和接收电极板的间距、发射电流、接收装置的检测微弱信号的能力。

水下电场通信研究的重点在于如何降低发射功耗和采取怎样的方式增加通信距离。从 20 世纪 70 年代到 21 世纪初，水下电场通信这方面的文献资料很少，或许是水下电场通信应用的领域少，或许是相对于传统的水声通信技术在通信距离和功耗方面不具有竞争力。直到 2007 年，新加坡通信研究院发表了一篇关于水下电场通信的文章，通过电场实现了水下近距离数字通信，该文章重点研究了如何提高通信距离，并且通过实验验证了一种最优电极板布置结构能够提高某一方向的通信距离。2010 年，新加坡通信研究院在其 2007 年发表的文章研究基础之上，发表关于水下电场通信系统信道分析的文章。文章重点研究了水下电场通信信道问题，得出在海水中水下电场通信载波可达到 1MHz，依然保持良好的幅频响应。实验得出的很多参数对于设计水下电场通信具有重要参考意义。

国内对水下电场通信研究的比较少，更对的是侧重应用研究，基础研究很少。最具有代表性的是西北工业大学发表于 2010 年的文章[204]，该文章在新加坡通信研究院 2007 年发表的文章研究基础上，设计了一套基于 DSP 的水下电场通信系统。设计目的重在实现传感器数据快速回收,同时也进一步验证了水下电场通信的可行性。文章最后指出了下一步的研究方向,包括探索该方法在中远距离通信的可行性,并且如何进一步降低功耗和提高通信速率。同年,海军工程大学发表一篇关于这方面的文章[205],该文章在国内外研究的基础上,介绍了水下电场通信原理,分析了影响电场通信效果的几大因素,为进一步研究水下电场通信系统提供一定的参考。

7.3 电场通信原理

自然界有些鱼类可以主动发射和感知电场实现水下感知通信[10],如南美电鳗亚目(Gymnotiformes)鱼和非洲管嘴鱼科(Mormyridae)鱼。电鱼电场通信的工作原理为一条电鱼通过自身的发电器官发射电场信号并且释放到周围水域,第二条在其附近的电鱼可以感知第一条电鱼发射的电场信号,并从中提取频率、波形及信号时间间隔等有效信息,从而解读出电场信号中蕴含的信息。目前,一般认为电鱼可以通过电场通信传递同类认知、求偶及环境状态等信息。生物电场通信的通信范围一般在 1~5 倍的鱼体长度。生物电场通信的信号分为脉冲型和连续型两种,类似于我们定义的数字信号和模拟信号。一般情况下,水下的电磁噪声非常低,与水声通信相比,利用水下电场实现水下近距离的无线通信具有一定的优势。少数研究者在 20 世纪六七十年代对水下电场通信做过一些探索[206-212],这些研究利用大型专业设备在水环境静止时分析电场通信的基本性能,但后面一直也没受到进一步重视。本文第一次把电场通信引入水下机器人领域,研究电场通信系统在小型水下机器人上实现的可能性。

水下电场通信又可称为水下电流场通信,这是由它的工作原理决定的。因为水是电导体媒介,尤其是电导率非常高的海水,当数据信号通过功率放大器放大之后,加载到放入海水当中的发射电极板,当信号的频率不高时,海水中的电流以传导电流为主,传导电流在海水中形成电偶极子场。由另外一对电极板检测电势差信号,然后此信号通过放大滤波相关处理还原发送的数据信号,这就是水下电场通信的基本原理。

在理论模型分析之前,有必要说明水下电场的特性。众所周知,电磁波的产生和传播由电流变化引起。一般而言,当电流或电场随着时间变化时,必须同时考虑两种类型的电流——传导电流和位移电流。当电流变化的频率较低时,位移电流可以忽略,只考虑传导电流。这种主要以传导电流传递信号的方式,称为电场通信或电流场通信。

下面具体检验当电磁波的频率较低时,水中电流是否以传导电流为主。在电磁波传播时,位移电流密度和传导电流密度的比值为

$$\frac{J_d}{J_c} = \frac{\varepsilon}{\sigma}\omega \tag{7.1}$$

式中:J_d 为位移电流密度;J_c 为传导电流密度;ε 为介电常数(Dielectric Constant);σ 为电导率(Electric Conductivity);ω 为电磁波角频率。当温度为 20℃ 时,水的介电常数是真空介电常数的 80 倍,其中真空介电常数的取值为 $\varepsilon_0 = 8.85 \times 10^{-12}$ F/m。另外,海水的电导率一般在 $\sigma \approx 4$ S/m;淡水包括河水和自来水等的电导率一般取值为 $\sigma = 0.01 \sim 0.05$ S/m。

从式(7.1)可以看出,当 $J_d/J_c \ll 1$ 时,位移电流可以忽略不计。在工程实现时,一般可认为当 $J_d/J_c < 0.1$ 时,位移电流的作用可以忽略。因此,通过式(7.1)可计算得到海水中位移电流可忽略的最大频率约为 89MHz;淡水中位移电流可忽略的最大频率约为几十万赫兹。本文试验中使用的是自来水,且采用的通信载波频率为 40kHz,位移电流完全可以忽略,此时的通信为电场通信。

直接分析电场通信较为复杂,需要对电场通信做进一步简化。具体来说,如果通信半径 R 满足

$$R \ll \frac{\lambda}{2\pi} \tag{7.2}$$

电场通信就工作在近场区域,此时,通信模型会得到简化。式中:$\lambda = 2\pi\sqrt{\dfrac{2}{\omega\mu\sigma}}$ 为波长;μ 为水的导磁系数。我们目前实验的最远通信距离为 $3 \sim 5$m,经过计算,此时的电场通信满足近场区假设。满足近场区假设的电场可近似为电偶极子场。这样便可以利用分析静态电场的方法分析水下电场的特性。图 7.3 所示为电偶极子场辐射示意图。

发射电极位于原点,间隔为 d_1,当流过发射电极板的电流为 I_0 时,在其附近一点 P 的电场强度为

$$E(r,\theta) = \frac{I_0 d_1}{4\pi\sigma r^3}(2\cos\theta\hat{e}_r + \sin\theta\hat{e}_\theta) \tag{7.3}$$

式中:$\hat{e}_r$ 和 $\hat{e}_\theta$ 分别为径向和方位角方向的单位向量;d_1 为发射电极间的距离;d_2 为接收电极间的距离;r 为 P 点到发射电极的距离;θ 为点 P 的极角。

特别地,当接收电极 $\overline{P_1 P_2}$ 和发射电极平行($\theta = \pi/2$)时,此时,电场强度为 $E = E_\theta = \dfrac{I_0 d_1}{4\pi\sigma r^3}$。此距离是 d_2 的接收电极之间的电势差为

$$V = \int_0^{d_2} E \mathrm{d}s = \frac{I_0 d_1 d_2}{4\pi\sigma r^3} \tag{7.4}$$

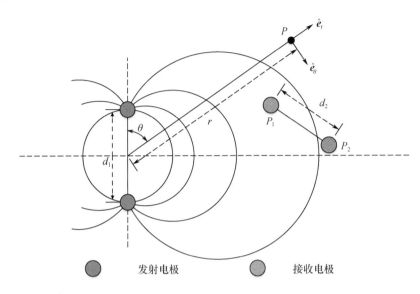

图 7.3 电场通信原理示意图（P 是发射电场附近的一点）

另外,需要指出的是,水下电场通信在海水与淡水中的唯一区别是电导率不同,对于电场通信的理论模型分析无实质区别。

通过以上对水下电场通信原理的分析和理论模型的推导,进一步理解了水下电场通信机理,同时也为实际设计水下电场通信系统提供理论指导。

通常,评价一个通信系统的通信效果有多种方法。具体到水下电场通信系统,在保证一定的误码率情况下,能够在一定的通信距离下实现尽量高的通信速率,或者说,或者在尽量远的通信距离下实现一定的通信速率,往往通信速率与通信距离是一对矛盾的指标,需要在二者之间寻求一个性能均衡。

通过对式(7.3)和式(7.4)分析,接收电极板两端的电势差与以下因素有关。

(1) 发射电极板之间的电流大小 I_0。

(2) 发射电极板之间的距离 d_1。

(3) 接收电极板之间的距离 d_2。

(4) 方位角 θ。

(5) 水的电导率 σ。

(6) 发射电极板与接收电极板之间的距离 r。

对于实际应用中的水下电场通信系统,一般水的电导率 σ 是不变的,通信双方之间的方位角 θ,以及通信双方它们之间的距离 r 会不断变化。因此,设计时可以改变的物理变量为发射电流 I_0、发射电极板间距 d_1、接收电极板间距 d_2。为了保证通信效果,需要综合权衡以上几个因素,尽量达到最优设计。

7.4　电场通信系统

相比于模拟通信,数字通信具有诸多优点。因此,设计的水下电场通信系统采用了数字通信方式,图 7.4 为总体方案[30, 213]。

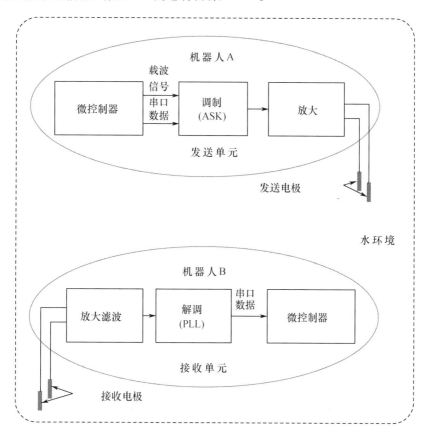

图 7.4　总体方案示意图

如图 7.4 所示,在发射端,数据由单片机的串口发出,经过数字调制后,信号被进一步放大,最终放大的信号被加载到了水中的发射电极上。在接收端,对接收电极两端的电势差进行放大滤波和解调后,数据便可由单片机的串口读取。该方案的创新之处是:通过水下电场这个载体实现了无线通信。由于通信双方使用标准的串口通信协议,便可以设置灵活多样的通信模式,而且程序具有通用性。

通常,要使数字信号在带宽有限的信道中有效传输,就必须使用数字信号对载波进行调制,即用数字信号调制某一较高频率的正弦或脉冲载波,使已调信号能通过带限信道传输。这种用基带数字信号控制高频载波,从而把基带数字信号变换为频带数字信号的过程称为数字调制。相应地,接收端通过解调器把频带数字信号还原成基带数字信号,这种数字信号的逆变换过程称为解调。通常,把数字调制与解调合起来称为数字调制,把包括调制和解调过程的传输系统称为数字信号的频带传输系统。数字调制的功能和要求如下。

(1)频谱搬移。频谱搬移将传送信息的基带信号搬移到相应频段的信道上进行传输,以实现信源信号与客观信道的特性相匹配。频谱搬移是调制、解调最原始和最基本的功能。

(2)抗干扰,即功率有效性。调制要求已调波功率谱的主瓣占有尽可能多的信号能量,且波瓣窄,具有快速滚降特性;另外要求带外衰减大,旁瓣小,这样对其他通路干扰小。

(3)提高系统有效性,即频谱有效性。提高频带利用率,即单位频带内具有尽可能高的信息率。

为了选用一种合适的数字调制方式,有必要先介绍数字调制的基本原理。通常,一个正弦波可以表示为

$$S(t) = A(t)\sin(\omega t + \varphi(t)) \tag{7.5}$$

式中:变量 t 为时间;A 为正弦波的振幅;ω 为角频率;φ 为相位。调制就是用基带信号,改变正弦波的3个参量 $\{A, \omega, \varphi\}$ 之一或者其中两个,将其变为已调数字信号。由于基带信号是数字信号,因此,相应地,有3种基本调制方式,即幅移键控(Amplitude Shift Keying, ASK)、频移键控(Frequency Shift Keying, FSK)和相移键控(Phase Shift Keying, PSK)。其他调制方式,如差分相移键控(Differential PSK, DPSK)、正交相移键控(Quadrature PSK, QPSK)和交错正交相移键控(Offset QPSK, OQPSK)都是 PSK 的改型;高斯型最小频移键控(GMSK)是 FSK 的改型。每种调制方式各有特点,在技术实现难易程度也不一样。

基于本课题的研究需求,在对通信速率要求并不很高的情况下,主要考虑的还是技术的可实现性问题,所以选用一种技术实现相对简单的调制方式,决定选用二进制幅移键控(2ASK)调制方式。二进制幅移键控调制方式是对利用二进制信息对正弦波的幅值进行调制,也称为开关调制。

7.4.1 发射电路设计

在 2ASK 调制中,载波的幅度只有两种变化状态——0 和 1,即利用数字信息"0"或"1"的基带矩形脉冲去键控一个连续的载波,使载波间断的输出。当有

载波输出时表示发送"1"，无载波输出时表示发送"0"。如图 7.5 所示，电场通信的发射电路主要包括信号产生、信号调制、信号整形和功率放大 4 个部分。

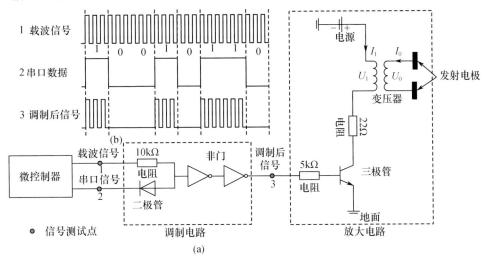

图 7.5　电场通信发射电路

(a) 电路图；(b) 3 个测试点对应的波形。

　　但该调制电路有别于传统的键控法调制电路。首先，在信号产生部分，利用串口数据去调制载波信号，串口数据由单片机串口的发送端口输出，而载波信号利用单片机的定时器生成，两者的数据都是可以通过程序生成的，这使得通信系统具有极大的灵活性。

　　在信号调制部分，没有选用复杂的调制芯片，而是巧妙地利用电阻、二极管及非门电路的特性构成调制电路，设计简单，非常实用。两个非门电路用来对调制后的信号进行整形。功率放大电路选用三极管驱动变压器方式，对调制后的数据进行放大。注意：系统发射功率的大小直接决定了通信距离的远近，所以必须保证功率放大电路发出的信号有足够的功率。同时，由于信号具有一定的频谱宽度，所以功率放大电路还要保证在此频谱宽度内的放大能力。选用变压器要考虑到变压器工作的频率范围，放大倍数是否满足需求。

7.4.2　接收电路设计

　　在水下电场通信系统中，接收电极板接收到的数据通常信号相对微弱，接收来的信号还不能直接进行滤波，需要先进行放大处理。这里采用运算放大器对信号进行初始的放大。放大之后的信号需要使用滤波来提高信噪比，有利于对有用信号的提取。

在信号滤波之后,需要对对应频率的信号进行提取。这时,采用和发送端的载波频率一致的锁相环(Phase Locked Loop,PLL)解调接收的信号。锁相环又可以称为相位比较器,它能够实现输出信号的频率对输入信号的频率的自动跟踪。当输入信号的频率和预先设定的频率相等时,输出电压为低电平;当输入信号的频率和预先设定的频率不等时,输出的电压为高电平。通过这种方式将需要的信号提取出来,然后输入进 STM32 单片机的串口进行读取。

ASK 信号解调的常用方法主要有两种,即包络检波法和相干检测法。我们采用了相干检测法进行信号解调。相干检波法原理如 7.6 所示。相干检测就是同步解调,要求接收机产生一个与发送载波同频同相的本地载波信号,称其为同步载波或相干载波。

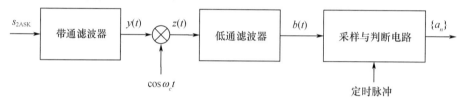

图 7.6   2ASK 相干解调流程

图 7.6 中,s_{2ASK} 表示接收电路上的信号,$y(t)$ 表示放大滤波后的信号。输入信号在送入锁相环之前,要进行带通滤波处理,滤波的目的是提高信噪比,有利于锁相环解调。因为载波频率为 40kHz,设计的带通滤波器的中心频率为 40kHz。图中 $y(t)$ 的表达式为

$$y(t) = b(t)\cos(\omega_c t) \tag{7.6}$$

式中:$b(t)$ 为基波信号;$\cos(\omega_c t)$ 为载波信号;ω_c 为载波信号的角频率。为了提取基波信号,使用一个本地信号 $\cos(\omega_c t)$ 乘以 $y(t)$,得到信号 $z(t)$,其表达式为

$$z(t) = y(t)\cos(\omega_c t) = \frac{1}{2}b(t) + \frac{1}{2}(1 + \cos^2 \omega_c t) \tag{7.7}$$

接着,信号 $z(t)$ 再经过低通滤波器来去除其中的高频杂波。低通滤波器滤除第二项高频后,即可输出 $b(t)$ 信号。低通滤波器的截止频率与基带数字信号的最高频率相等。由于噪声影响及传输特性不理想,低通滤波器输出波形有失真,因此,经抽样判决、整形后再生成最终的数字基带脉冲。在具体的电路实现上,使用锁相环芯片完成相关解调。由于使用串口接收,抽样判决器和定时脉冲的处理环节完全可以由单片机内部串口的接收电路来完成。

由于本设计利用串口数据对载波信号进行调制,串口数据和载波信号都是由单片生成,而在接收端同样利用串口对解调后的数据进行接收处理,通过与发送端一致的串口协议对数据进行还原。图 7.7 所示为数据变换过程。

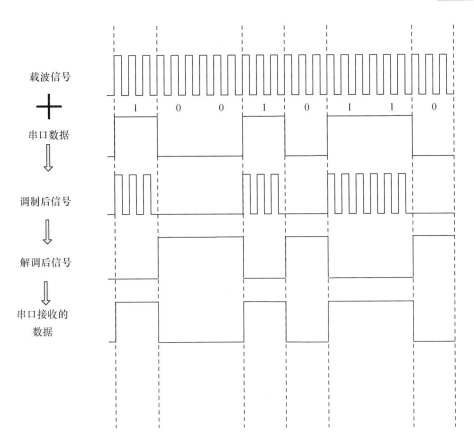

图 7.7　电场通信过程中主要的数据变换过程

从图 7.7 可以看出,串口数据首先对载波信号进行解调,调制后的数据经过功率放大后发送出去,在接收端对信号进行放大滤波处理后送入锁相环解调电路,需要注意的是,锁相环输出的解调数据与发送的串口数据相反,为了还原发送的串口数据,必须对锁相环输出的数据进行取反后送入串口。

7.4.3　双频通信设计

假如在多条仿生机器鱼的水下电场通信系统中,如何确定某一个仿生机器鱼能够接收到完整的信号,避免导致接收数据的不完整,这里引入双频通信和状态电平检测。当然,需要在发送端和接收端同时进行改进,并且需要一个统一的通信解释说明。

在发送端,利用 STM32 单片机丰富的资源,使用两个 I/O 端口进行载波的发送,使用串口发送需要发送的数据。双频通信的工作原理如图 7.8 所示。

133

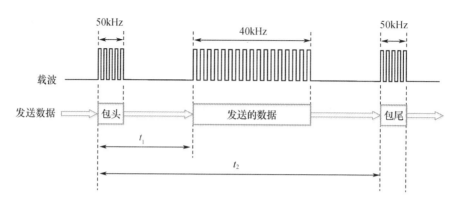

图 7.8   双频通信的发送工作原理

由图 7.8 可以看出,在载波上选择有 40kHz 和 50kHz 两种频率。使用 50kHz 的载波作为数据发送的包头载波和包尾载波,选择 40kHz 的载波作为数据发送的载波。在对应的接收端的工作原理如图 7.9 所示。

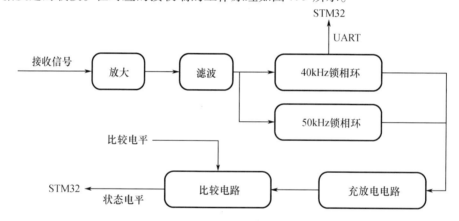

图 7.9   双频通信的发送工作原理

如图 7.9 所示,在双频通信接收时,一个时刻的接收信号需要同时输入进 40kHz 和 50kHz 的锁相环检索出当前的接收信号。此时,通过 40kHz 的锁相环得到的数据输入进 STM32 的串口进行读取,但是此时读取的数据不能确定是否正确、完整。因此,需要结合图 7.8 中的发送原理确定两个具体参数——t_1 和 t_2。

将锁相环接收的信号输入充放电电路中,输出信号再输入一个预先设定好比较电平的比较电路中,从而得到状态电路情况。然后,通过 STM32 进行状态电平的输入捕获,能够得到几个相对应的下降沿和上升沿。同一时间采用定时器检测出具体的下降沿之间的时间,和预先设定的两个参数 t_1 和 t_2 进行比较,若是在合理的范围内,则表示通信数据有效,此时,STM32 读入的 UART 数据有效,反之则无效。具体的充放电电路和比较电路如图 7.10 所示。

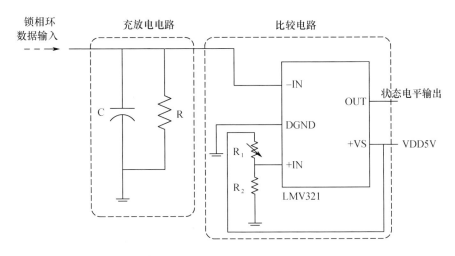

图 7.10　充放电电路和比较电路电路图

如图 7.10 所示,采用了一个 RC 电路作为充放电电路。由于锁相环数据输入的是数据信号,而 RC 回路是模拟电路,因此,这里需要对 R 和 C 的值进行反复实验对比确定。采用运算放大器 LMV321 芯片作为比较器。其中将充放电回路的输出作为 LMV321 芯片的输入电平,比较电平的输入端则选择一个简单的电阻串联,采用改变滑动变阻器 R_1 的阻值调节比较电平的大小,从而得到相对较好的状态电平的输出结果。

当然,状态电平的引入在多仿生机器鱼的水下电场通信系统中也有着很好的作用。例如,在某个时间段内,有一个仿生机器鱼 A 在给仿生机器鱼 B 发送数据,但是 A 发送的数据仿生机器鱼 C 也在通信范围内,同时,仿生机器鱼 D 正在从 A 的通信无效范围游入有效范围,工作示意图如图 7.11 所示。此时,需要解决几个相对复杂的问题。

如图 7.11 所示,虚线代表仿生机器鱼 A 的水下电场通信的有效范围,箭头表示游动的方向。此时,A 在给 B 通信,但是 C 也可以接收到电场信号,D 正在向 A 的通信范围内游动。

在通信系统的具体设定协议中会定义好每个仿生机器鱼的 ID,在有效通信范围内可以明确通信的个体。那么,在通信有效范围内,每个仿生机器鱼个体都会接收到信息,但只有匹配正确的仿生机器鱼才会对信息进行解包处理。解决了在有效通信范围内的通信个体识别的问题。

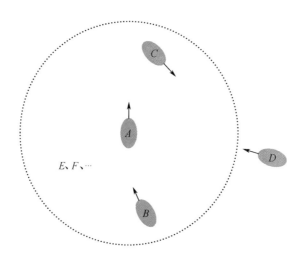

图7.11 多条仿生机器鱼的水下电场通信示意图

　　此时,若在该通信范围内,有其他的仿生机器鱼也需要进行通信,那么,需要有一套检测机制。需要通信的仿生机器鱼先通过信号采集来确定当前是否有通信过程,然后再来确定是否进行通信。若是当前水体中在一段时间内没有通信信号,那么,可以进行信号发送准备工作;若是当前水体中有信号,那么,进行检测工作。对于仿生机器鱼 D 来说,它接收的信息显然不完整,当然,也没有办法进行解包,那么,如何避免这种情况的发生呢?

　　对仿生机器鱼 D 来说,它在游动的过程中会在某一时间段内对水体中的信号进行检测。若是没有检测到信号,那么,表示当前没有个体通信或者不在通信的有效范围内。当其游入有效通信范围内之后,此时的状态电平会迅速从高电平拉低到低电平,说明此时水体中有个体在进行通信。通过采集的下降沿与上升沿的个数及预先设定的两个参数 t_1、t_2 和当前串口是否接收到数据来进行的比较,确定当前是出于哪种通信时刻,是包头、包尾,或者是数据发送。这样可以很明确地知道其他仿生机器鱼的通信状态。通过分析,这里可以得到具体的通信状态判别表,如表7.1所列。

表7.1　通信状态判别表

状态电平	串口接收数据	当前通信状态识别
高	无	无有效的通信
高	有	包头或者包尾通信
低	无	维持身体平衡
低	有	通信数据接收

7.4.4　时间参数确定

在水下电场通信系统的设计中,发送端采用的是双频通信。为了保证通信系统通信的完整性,因此,需要确定 3 个发送端的具体参数,即 T_1、T_2 和 T_3。同时,在接收端,由于采用的是双频通信,因此引入了充放电电路和比较电路,需要确定 t_1 和 t_2 两个参数。在比较电路中,需要通过实验结果和 t_1、t_2 的参数值来确定比较电平的高低。

如果在发送端直接发送的载波,加载上一个串口数据 0×55 作为包头;然后直接发送 40kHz 的载波,加载上发送的数据;最后发送 50kHz 的载波,加载上一个串口数据 0×55 作为包尾,在实际的实验中发现由于发送双频数据之间没有时间间隔和 RC 电路的辨识性的问题,在比较电路端没有办法采集到下降沿,导致比较电路没有办法使用,也达不到设计要求。因此,这里需要对发送端的发送进行延时处理,具体原理图如图 7.12 所示。

载波	50kHz	延时 T_1	40kHz	延时 T_2	50kHz	延时 T_3
串口数据	0×55		发送的数据		0×55	

图 7.12　电场通信数据帧原理图

通过对仿生机器鱼的通信协议的设计,仿生机器鱼的发送数据模块用到了 8 个字节,因此,以下都是按照发送 8 个字节进行实验。总的实验原则是先确定 T_1、T_2 和 T_3,然后再确定 t_1 和 t_2。首先,为了使 RC 充放电电路能够辨识到有明显的充放电过程,将参数 T_1、T_2 和 T_3 从高到底的设定来进行实验。同时,为了达到最好的实验效果,将接收电极放置与一对发送电极板的中轴线上,具体的实验原理图如图 7.13 所示。

从图 7.13 可以知道实验的基本情况。实际上,实验是在 $1m \times 4m \times 2m$ 的水池中进行的。通过数字万用表采集 10s 的数据,然后将数据导入 MATLAB 进行观察,确定各个参数值。在实验中,T_1 和 T_3 的值一般使用的是一样的。在 T_1 和 T_2 的数值选择上,选择以下几个参数:1000ms、200ms、100ms、80ms、60ms、50ms。在 60ms 以及以上的延时中,RC 充放电电路都可以明确地对发送数据进行辨识。图 7.14 所示是在 T_1 和 T_3 延时为 60ms、T_2 为 65ms 的情况下的 RC 充放电电压的情况。

从图 7.14 可以看到很明显的数据发送情况。电压最高的地方是数据发送时的充电电压,而在这个波峰前后有两个小的波峰,那是发送包头数据和包尾数据时对 RC 电路的充电情况。至于这两个波峰高低不同,这个也很好解释。由

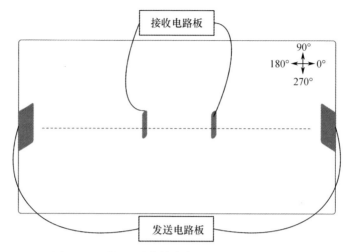

图 7.13 时间延时参数确定实验时的场景原理图

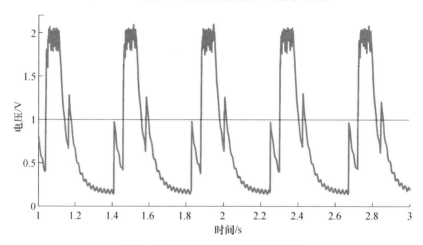

图 7.14 RC 充放电电路电压情况

于在包头发送来之前,有一个相对时间很长的放电过程,因此,包头的充电效果一般。但是,对包尾来说,有可能在包尾的数据到来时,RC 电路并没有完全放电,所以重新充电自然导致电压要高一些。通过以上实验,可以大致确定参数 T_1、T_2 和 T_3 的范围,但是不能准确确定,需要结合比较电路测试确定。

从图 7.14 可知,此时,需要确定比较电压就比较困难,因为包头包尾的充电电压不稳定,而且容易造成误识别,因此,这里需要增加 T_2 的时间长度选择一个合适的比较电压以确保需要有 3 个下降沿和 3 个上升沿。通过一系列的实验,这里 T_1 和 T_3 延时为 50ms、T_2 为 70ms,可以很容易得到想要的结果,实验结果如图 7.15 和图 7.16 所示。

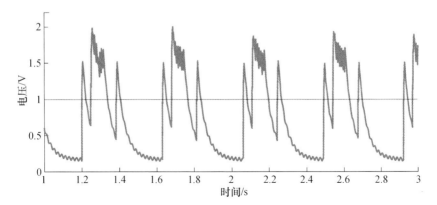

图 7.15 最终参数确定后的 RC 充放电电路电压情况

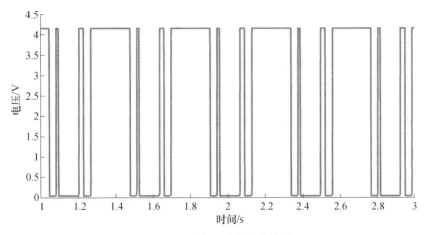

图 7.16 状态电平的实验结果

从图 7.15 可以很明显地看出与图 7.14 的差别,在图 7.15 的实验结果中,包头的充放电情况和包尾的充放电情况很相似,而且很容易识别。这里选取 1V 的比较电平,留有了比较多的裕量,确保在状态电平的捕获上不会出现误识别。从图 7.16 可以看到有明显的 3 个下降沿和 3 个上升沿,整个数据帧能够很好地识别,能够满足实验需求。同时,在接收端,t_1 和 t_2 的值也可以确定:t_1 的值为 60ms,在程序中设定的范围为 55~65ms;t_2 的值为 205ms,在程序中设定的范围为 200~210ms。这样,能够充分满足实验要求,为水下电场通信系统集成于仿生机器鱼作了很好的铺垫。

7.4.5 电极板布局

电极布局会直接关系到通信效果的好坏,是水下电场通信系统设计中的重要环节。根据前面章节中对水下电场通信模型的分析,我们认为电极结构布局应遵循以下设计原则。

（1）发射电极之间的间距和接收电极之间的间距应尽可能大。

（2）为适应不同的通信状态,应考虑电极的灵活分配性。

（3）电极布置的位置应避开干扰源,减少不必要的干扰。

仿箱鲀机器鱼上壳体布置了 4 块电极片,前后各 2 块,机器鱼头部为灰色电极片,尾部为绿色电极片。

电极结构布局设计思路如下。

（1）为了使电极之间的间距尽可能大,在机器鱼结构条件允许的情况下,电极板尽量靠近机器鱼的头部和尾部放置。

（2）为了适用不同的通信状态,设计了机器鱼前后共 4 块电极片,可根据不同的需求进行两两组合应用。

（3）由于机器鱼下壳体为金属材料加工,所以不能把电极片布置在下壳体上,只能放在上壳体上面。

发射电极与接收电极的分配问题如下。

图 7.17 所示为机器鱼电极分布示意图。

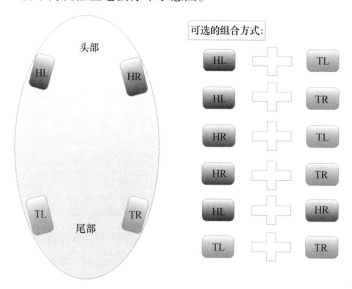

图 7.17　电极分布示意图

根据水下电场通信原理可知,为了达到最佳的通信效果,具体来说,实现低误码率的高速率通信。保证通信效果的前提是接收电极的电势差大、信噪比高。为了增加发射电极和接收电极之间的间距,在分配 4 块电极时,尽量使发射电极和接收电极头尾各分配一块,以增加极板之间的间距。例如,如图 7.17 所示,HL + HR 与 TL + TR 方案由于间距短,故不予与考虑,电极可选的组合有 HL + TL、HL + TR、HR + TL、HR + TR4 种方案。

除了增加极板之间的间距外,还要考虑机器鱼的接收角度问题,因为不同的接收角度对通信有很大的影响。假设在一种极端的情况下,当接收电极两端处于水下电场的同一等势面上,接收电极两端没有电势差,将无法接收信号。如果把仿箱鲀机器鱼头部两块电极连接起来作为接收端的一级,尾部两块电极连接起来作为接收端的另一极,就是 HL 与 HR 连接,TL 与 TR 连接,连接后分别作为接收电极的一端,组合形式为(HL = HR) + (TL = TR)。在一定程度上能解决接收电极的接收角度问题,但是又引起另外一个问题,发射电极与接收电极共用的问题。发射极板与接收极板共用初步分析会造成以下问题。

(1)发射端通过极板发送的高压信号,会串入到接收端的微弱信号检测电路,会损坏接收电路。

(2)发射极板与接收极板共用势必会造成发射电路域接收电路的共地问题。共地之后,发射电路的高频载波会通过地回路串扰到接收电路,可能导致接收电路无法正常工作。

基于以上原则,最终为机器鱼设计的电极布局如图 7.18 所示。

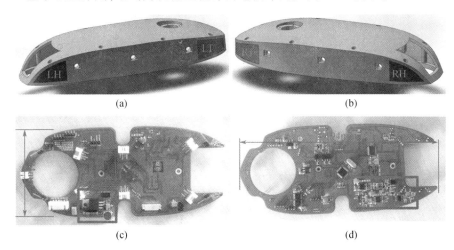

图 7.18　机器鱼上的电极板布局和通信系统电路
(LH 代表头部左边电极板,其他的简写含义类似)
(a) 左侧电极板;(b) 右侧电极板;(c) 发射部分电路;(d) 接收部分电路。

根据电场通信原理可知,提高通信效果的方法是增大接收电极的电势差大。根据前面的电场理论可知,增加发射电极间的距离或接收电极间的距离可以增大接收电极之间的电势差。因此,应保证发射电极或接收电极是由一对头尾电极片组成。这样,图中所示的可选电极组合有(HL,TL)、(HL,TR)、(HR,TL)和(HR,TR)4 种方案。

为了便于后续实验中电极板角度测量,最终电极的分配方案如下:(HL,TL) 作为发射电极,(HR,TR) 作为接收电极。

7.5 电场通信程序

水下电场通信系统中需要解决以下几个方面的通信问题:一是水下电场通信模块的数据发送和接收的软件程序的问题;二是各类传感器和 STM32 控制器之间数据读取的问题;三是 STM32 控制器对舵机驱动的问题;四是主控制器树莓派和两块 STM32 控制器之间的 ⅡC 通信的问题。水下电场通信系统的通信结构图如图 7.19 所示。

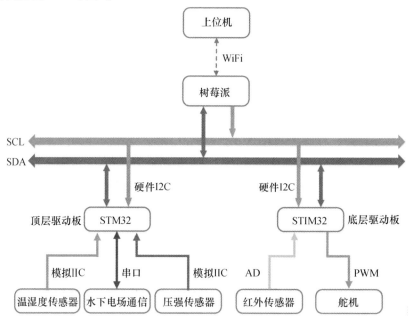

图 7.19　水下电场通信系统的通信结构图

从图 7.19 可以看到,整个通信结构里面有两个 STM32 控制器:一块是负责采集红外传感器数据和驱动舵机;另一块则采集温湿度数据、压强传感器数据和水下电场通信部分。两块 STM32 控制器和树莓派之间都是通过硬件 ⅡC 进行通信的。同时,树莓派和上位机之间通过 wifi 进行通信。由于本课题主要关注水下电场通信部分,所以,这里主要对水下电场通信模块的程序实现部分、水下电场通信模块和树莓派之间的通信部分。

7.5.1　电场通信模块的程序实现

水下电场通信模块采用的是 STM32 控制器。在发送部分,配置 STM32 的定时器输出不同频率的载波,需要发送的数据通过串口输出。采用双频通信时,由于需要不同频率的载波信号,采用两个定时器进行载波生成。具体的程序流程图如图 7.20 所示。

从图 7.20 可知发送端和接收端的程序流程。从左边的发送流程图中可知,在发送端,由 STM32 的 TIM1 发送 50 kHz 的载波信号,同时,加载上 0×55 的串

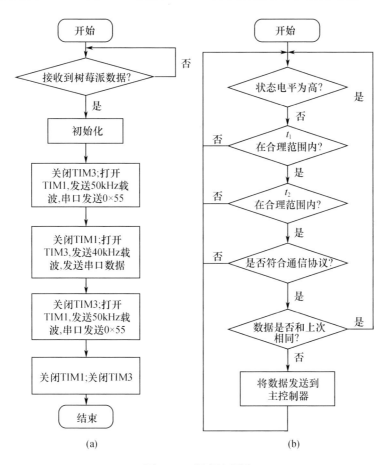

(a)　　　　　　　　　　　　　　(b)

图 7.20　程序流程图

（a）发送端；（b）接收端。

口数据信号。这里加载上串口数据信号的原因是因为电路中使用的变压器的特性所决定的。在仅仅发送 50kHz 的载波信号的情况下,通过变压器的放大之后,产生的放大信号放大效果不明显,所以加载上一个串口数据提高发送的功率。数据发送的载波则使用 TIM3 生成 40kHz 的信号。因为发送端的调制电路是一个选择电路,因此,在发送 40kHz 的载波信号时需要关闭 TIM3,以免导致信号干扰。在整个数据帧发送完成之后,为了保证水体中没有其他的相干信号,关闭了 TIM1 和 TIM3。

7.5.2 与树莓派之间通信的实现

如图 7.19 所示,水下电场通信模块是接收到数据发送给 STM32 单片机,然后 STM32 单片机通过ⅡC 总线和树莓派进行通信。这里需要大致介绍一下ⅡC 通信的基础理论。

ⅡC 最初是由 Philips 提出的,现在已经广泛使用,已经成为了一个世界标准。从图 7.19 也可以看到,ⅡC 总线有两根线:一根是串行数据线(SDA);另一根是串行时钟线(SCL)。ⅡC 总线上能够挂载多个设备,每个设备会有唯一的地址,便于ⅡC 总线上其他的设备对它的寻址。当然,ⅡC 总线上的设备有着简单的主从关系,既可以作为主机存在,也可以作为从机存在。当有多个主机时,可以使用冲突检测和仲裁防止通信数据被破坏。ⅡC 总线有着很高的通信速率,串行的 8 位双向数据传输在标准模式下能够达到 100kb/s,快速模式下能够达到 400kb/s,而在超速模式下能够达到 3.4Mb/s。

为了保证ⅡC 通信中数据的有效性,ⅡC 通信业做了一些定义,如开始条件和终止条件、数据发送要求等。开始条件和终止条件如图 7.21 所示。

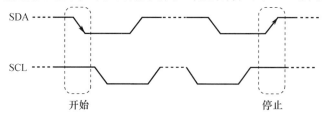

图 7.21　ⅡC 总线的开始信号和停止信号

如图 7.21 所示,开始条件和终止条件一直由主机产生。在时钟线为高电平时,数据线由高电平跳到低电平的过程被认为是开始条件;在时钟线为高电平时,数据线由低电平跳到高电平的过程被认为是停止条件。为了保证ⅡC 总线上数据传输的稳定,在时钟线为高电平时,数据线上的数据必须保证稳定,如图 7.22 所示。

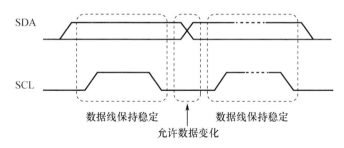

图 7.22　ⅡC 总线数据稳定传输要求

只有在时钟线为低电平时,才允许数据线上的数据变更。

ⅡC 总线的数据发送也有一定的格式,发送到数据线上的每个字节必须是 8 位,每次传输的字节数据量不受限制,每个字节之后必须跟着一个 ACK 应答位,数据的传输从最高有效位(MSB) 开始。当然,在ⅡC 总线中传输的从机需要确定从机的地址。从机的地址由 7 位组成,后边第 8 位表示的是当前从机处于读状态还是写状态,如图 7.23 所示。

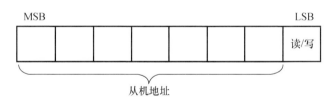

图 7.23　从机地址和读写操作

在ⅡC 总线的基础介绍完了之后,这里开始介绍树莓派和 STM32 之间的ⅡC 通信。这里的通信也遵循其相应的主机读写机制,如图 7.24 所示。

从图 7.24 可以清晰地看出,树莓派向 STM32 写入数据和从 STM32 读取数据的过程。当树莓派需要向 STM32 写入需要通过水下电场通信系统发送的数据时,树莓派启动写操作。树莓派首先开始,然后向 SDA 线写入需要进行访问的从机地址,并且在第 8 位上写入“0”,表示写操作。然后从机接收地址匹配成功的 STM32 做出响应,之后就开始进行数据的写操作过程,直至完成。当树莓派需要读取对应的 STM32 的数据时,开启读操作。树莓派首先开始,向 SDA 线写入从机地址,并且在第 8 位上写入“1”,表示读操作。然后从机接收地址匹配成功的 STM32 做出响应,并且开始向 SDA 线写入数据,树莓派做出应答,直至数据读取过程完毕。

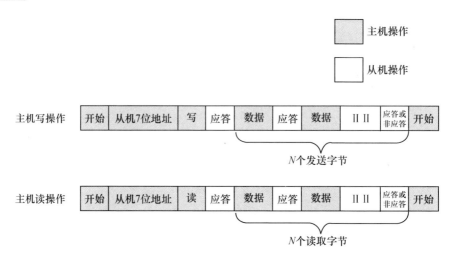

图 7.24　主机的读写操作

7.6　电场通信实验

为了验证所开发的电场通信系统的有效性,同时对这种新的通信方式特性进行详细的刻画,我们分别使用机器鱼和鱼模型在静水、流水和有障碍物的水中系统地开展了实验。

7.6.1　实验描述

实验在一个尺寸为 $4\mathrm{m} \times 2.1\mathrm{m} \times 0.8\mathrm{m}$ 的水池中进行,如图 7.25(a) 所示。

实验水池中的水为自来水,其电导率大约为 $4.5 \times 10^{-2}\mathrm{S/m}$。实验中通信波特率设置为 1200b/s,发射电路的功率为 $P_t = U_1 I_1 = U_0 I_0 = 0.81\mathrm{W}$。

为验证电场通信的原理同时刻画电场通信系统的特性,我们使用了两种物理系统:一种为仿箱鲀机器鱼模型,如图 7.25(b) 所示;另一种为仿箱鲀机器鱼,如图 7.25(c) 所示。仿箱鲀机器鱼模型是指携带着与仿箱鲀机器鱼电极板布局完全相同的 4 个电机板的有机玻璃板,即 $d_1 = d_1^m = 0.24\mathrm{m}$, $d_2 = d_2^m = 0.24\mathrm{m}$,并且 $l = l^m = 85\mathrm{mm}$。仿箱鲀机器鱼模型不会受到鱼体机械及其他电路对电场通信系统的影响,因此,它可以用来对比分析电场通信的基本性质。

我们共开展了 4 种类型的实验:仿箱鲀机器鱼相对角度变化时的误码率分布,仿箱鲀机器鱼相对距离变化时的误码率分布,接收信号仿箱鲀机器鱼相对于发射信号机器鱼的平面位置变化,以及基于电场通信的仿箱鲀机器鱼运动控制。实验中,我们使用误码率(Bit Error Rate) 评估电场通信的性能。第一类和第二

图 7.25　实验水池和所使用电场通信系统

（a）实验水池；（b）机器鱼上的电场通信系统；（c）机器鱼模型上的电场通信系统。

类实验分别在静水、流动水和有障碍物的水中进行,而第三类和第四类实验在静水中进行。为了测量两条仿箱鲀机器鱼/模型之间的相对角度,水池中间放置一个标有刻度的方位分布图。另外,使用直尺测量仿箱鲀机器鱼之间或模型之间的距离。实验中,仿箱鲀机器鱼/模型的位置指的是质心位置。对于每一次实验,仿箱鲀机器鱼通过电场发射 1000 个字节的数据,同时,另一条仿箱鲀机器鱼使用电场通信系统接收数据。

7.6.2　角度变化时通信性能

根据前面对电场通信的理论分析可知,即使发射端和接收端的位置不变,电场通信的质量也会随着接收端和发射端的相对角度的变化而发生改变。这里我们开展仿箱鲀机器鱼在同一位置但相对角度改变的通信实验,刻画这一条件下的电场通信特性。如图 7.26 所示,实验中,把发射机器鱼和接收机器鱼的距离分别设置在 1m 和 2m 两个距离处。

两条机器鱼之间的相对角度定义为 ψ_r,其表达式为

$$\psi_r = \psi_2 - \psi_1 \tag{7.8}$$

式中:ψ_1 和 ψ_2 分别为发射机器鱼和接收机器鱼的当前朝向。实验中,发射机器鱼和接收机器鱼都在水池底部,而且发射机器鱼被固定在池底中心。从 0° 到 360°,接收机器鱼每隔 1° 进行一次实验,通过电场通信接收来自发射机器鱼的 1000 字节数据。每个角度下进行实验重复 5 次。我们对实验数据进行了平均值和标准差的分析,相对角度改变时的误码率分布实验分布在静水、流动水和有障碍物的水环境中进行。

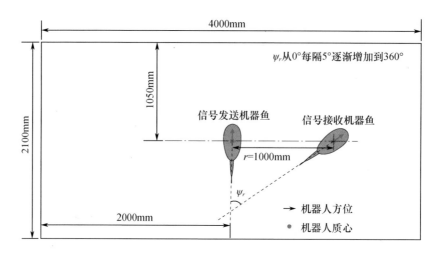

图 7.26　机器鱼相对方位角改变时的实验示意图

1. 静水中的误码率分布

图 7.27 所示为电场通信在静水中的通信效果。

可以看出，模型和机器鱼的通信误码率在大部分的相对角度范围内都非常低，几乎接近零误码率。最大误码率区间出现在了 $\phi_r = 90°$ 和 $\phi_r = 270°$ 这两个角度附近。根据电场分布的理论可知，当发射信号的仿箱鲀机器鱼和接收信号的机器鱼的相对角度为 $\phi_r = 90°$ 或 $\phi_r = 270°$ 时，接受电极板正好处于发射电场

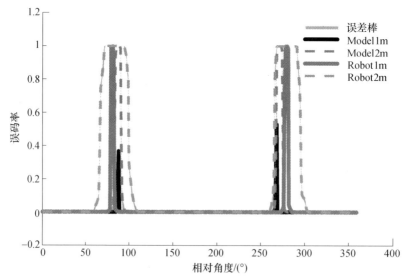

图 7.27　在静水中时，机器鱼相对角度变化时通信误码率分布

形成的等势线上。因此,所得实验结果和理论值基本是吻合的,验证了前面所提出的电场通信理论的正确性。另外,机器鱼相距 2m 通信时的高误码率范围要大于相距 1m 时的高码率范围。这主要是因为电场会随着距离的增大而减小,相应地,接收电极板上的电势差也会随着距离的增大而减小,从而导致通信质量的下降。最后,可以看出,机器鱼通信时的高误码率范围要大于模型通信时的高误码率范围。这主要是因为仿箱鲀机器鱼上所携带的机械部件、电路及传感器等都可能会对电场通信系统造成干扰,导致通信质量的降低。

2. 水流动和有障碍物时的误码率分布

我们使用一个功率为 750W、最大流量为 $4.2m^3/h$ 的离心泵使水池中的水体流动起来,产生不均匀流动的湍流,作为水流动实验下的水环境,如图 7.28 所示。

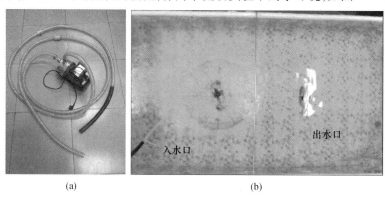

(a)   (b)

图 7.28 水流流动实验场景图

(a) 所用的离心水泵;(b) 发射信号的机器鱼和接收信号的机器鱼相距 1m 时的实验场景图。

其中,水流的最大速度约为 2.24m/s。在障碍物实验中,我们使用了 3 种尺寸的障碍物,分别是 $0.5m \times 0.5m \times 0.05m$、$1m \times 1m \times 0.05m$ 和 $1.8m \times 1.8m \times 0.05m$,如图 7.29 所示。

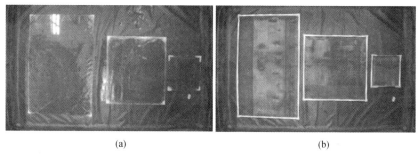

(a)   (b)

图 7.29 实验所用到的 3 种尺寸的障碍物

(a) 非金属障碍物;(b) 金属障碍物。

每种尺寸的障碍物分别采用铜质和 PVC 两种材质,代表着导体和非导体两种材料。在实验中,障碍物直立地放在水池中心,且垂直于发送者和接收者的构成的连线。其中,最大尺寸的障碍物几乎把整个水池切成两段。障碍物实验的场景图如图 7.30 所示。

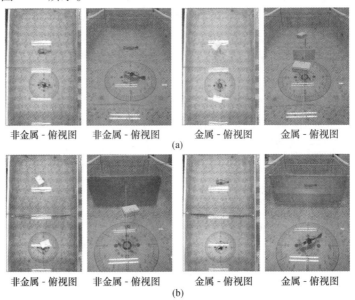

| 非金属-俯视图 | 非金属-俯视图 | 金属-俯视图 | 金属-俯视图 |

(a)

| 非金属-俯视图 | 非金属-俯视图 | 金属-俯视图 | 金属-俯视图 |

(b)

图 7.30　水流流动实验场景图

(a) 小型障碍物实验场景图;(b) 中型障碍物实验场景图。

水流动和障碍物水环境下,仿箱鲀机器鱼的相对角度变化时的实验结果如图 7.31 所示。

首先,可以看出,水的运动对电场通信没有任何影响。通信时,高误码率的角度和理论值 90° 与 270° 比较吻合,而且高误码率的区域没有看出明显变化。这个结果也可以从理论上分析得到。具体来说,实验时,电场在水中的传播速度可以表示为

$$\nu = \lambda f = 2\pi f \sqrt{\frac{2}{\omega\mu\sigma}} \tag{7.9}$$

对于我们的系统,$\omega = 2\pi f$,$f = 40\text{kHz}$,$\sigma = 4.5 \times 10^{-2}\text{S/m}$,$\mu = 1.257 \times 10^{-6}\text{H/m}$,计算得到传播速度为 $\nu = 2.98 \times 10^{6}\text{m/s}$,这个速度比实验中的最大水流速度大了 6 个数量级。因此,水体运动时引起的多普勒效应可以忽略。进一步,自然水域的最大速度在 100m/s 这个数量级,这个速度比电场传播速度也要小很多。因此,可以推断得出,电场通信在自然水域中工作时也不会受到水体运动影响,

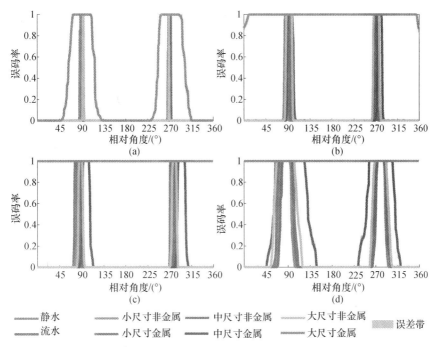

图 7.31　在水流流动和有障碍物的水中时,当发送者和
接收者相距一定距离但相对的角度改变时电场通信误码率分布图
(a) 相距 1m 时的模型;(b) 相距 2m 时的模型;
(c) 相距 1m 时的机器鱼;(d) 相距 2m 时的机器鱼。

相比之下,声音在水中的传播速度在 1500m/s 作用,在实际应用中,声波通信的多普勒效应对通信性能有着较大影响。

接下来,分析障碍物对电场通信性能的影响。首先,可以看出,高误码率角度范围依然在 90° 和 270° 附近,这说明,水中障碍物对电场的分布没有造成太大的影响。其次,和静水条件下的实验结果类似,使用模型时的通信质量整体上优于使用仿箱鲀机器鱼时的通信质量。最后,和静水条件下的实验结果类似,相距 1m 时的通信质量要比相距 2m 时的通信质量好。整体上,电场通信在水中存在障碍物时依然能够较好地进行通信。相比之下,同等障碍物实验条件下的声纳通信和光通信却很难穿越或绕过障碍物进行有效通信。更具体地,大型障碍物对电场通信的影响更大,金属障碍物对电场通信的影响大于非金属障碍物。例如,小尺寸障碍物不管是金属还是非金属都几乎不会对电场通信产生影响;中等尺寸的金属障碍物对电场通信有一定影响,而中等尺寸的非金属障碍物对通信却几乎没有影响;大尺寸的金属障碍物对电场通信的影响非常大,而大尺寸的非金属障碍物对通信的影响相对小一些。

7.6.3 距离变化时通信性能

由式(7.3)和式(7.4)可知,通信性能会随着距离的增加而降低,因此,我们开展相对距离变化时的误码率分布实验,确定电场通信在不同环境下的最远通信距离。如图7.32所示,发射信号的仿箱鲀机器鱼被固定在水池一侧水底。

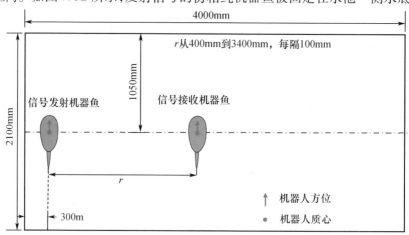

图 7.32 相对距离变化时电场通信的误码率分布

实验中,接收信号的仿箱鲀机器鱼与发射信号的仿箱鲀机器鱼始终平行,这样可以保证,接受信号的仿箱鲀机器鱼一直垂直于附近的电场线,满足式(7.4),即电压会随着距离的增加而减小。实验中,每隔0.1m记录一次实验数据,实验距离从0.4m到3.4m。每个距离下的实验重复5次。

1. 静水中的误码率分布

图 7.33 画出了在静水中的电场通信误码率和距离的关系图。

这里我们定义临界通信距离(Critical Distance)d_{cr}表示通信误码率为20%时两条机器鱼之间的距离。可以看出,模型的最远通信距离大于3.4m,而机器鱼的通信距离在2.75m左右。模型的通信距离比仿箱鲀机器鱼通信距离更远,出现这种结果的原因和相对角度改变实验中类似,即机器鱼的电场通信系统受到了鱼体机械、内部电路及传感器的干扰,导致通信质量下降。因此,如何减小仿箱鲀机器鱼上电场通信系统的干扰是提高通信距离的有效手段之一。

2. 水流动和有障碍物时的误码率分布

进一步,我们分析在水流流动和有障碍物的水体中,电场通信距离变化时的误码率分布,如图7.34所示。

我们依然使用临界通信距离d_{cr}刻画电场通信时的最远通信距离。首先,模

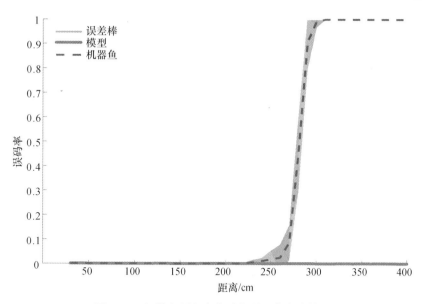

图 7.33　机器鱼距离变化时的误码率实验结果

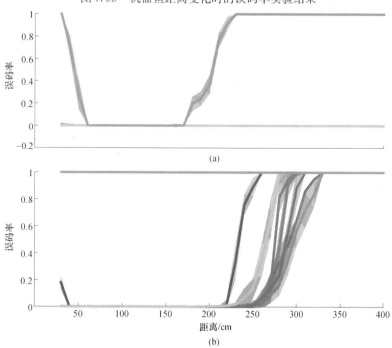

图 7.34　在流水和有障碍物的水中时,当发送
者和接收者的距离变化时的电场通信误码率分布图
（a）模型;（b）机器鱼。

型的最远通信距离要大于仿箱鲀机器鱼的通信距离。其次,在水流流动时的临界通信距离 d_{cr} 为 2.75m,这和静水中的临界通信距离相等,说明水的运动对最远通信距离也没有影响。类似地,障碍物对通信距离的影响随着材质和尺寸的不同而不尽相同。具体来讲,对于小尺寸障碍物,不管是金属还是非金属对通信距离的影响都很小;中尺寸的金属障碍物存在时,机器鱼的通信距离 d_{cr} 减小到 2.25m,而中尺寸的非金属障碍物对通信距离几乎没有影响;大尺寸的金属障碍物存在时,机器鱼之间几乎已经不能通信,而大尺寸非金属障碍物使机器鱼的通信距离仅减小到 2.55m。

7.6.4 平面内位置变化时通信性能

根据电偶极子的电场分布特点可知,接收者在发送者周围不同的位置时,其电极板两端的电势差很可能是不同的,进而产生不同的通信质量。因此,如果对发送者周围电场通信的误码率分布进行刻画,这对通信双方都非常有利。因此,我们设计实验对发送信号仿箱鲀机器鱼周围不同位置的误码率进行统计,并和理论值进行比较。具体来说,如图 7.35 所示,发送信号的仿箱鲀机器鱼固定在

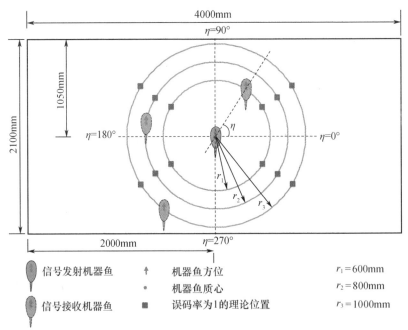

图 7.35 接收者在 3 个固定距离 r_1、r_2 和 r_3 上,绕着发送者每隔 $1°$($\eta \in (0°, 360°)$)
改变位置时的实验示意图(对距离 r_1、r_2 和 r_3 来说,4 个理论上的误码率为 100% 的
点已经在图中标出,它们是 $36°$、$144°$、$216°$ 和 $324°$)

池底中心,而接收信号的仿箱鲀机器鱼绕着以发送信号的机器鱼为圆心,以两条仿箱鲀机器鱼之间的距离为半径的圆移动。

发送信号的机器鱼和接收信号的机器鱼的方向在实验中始终保持相同且不变,根据水池场地大小,我们在半径为 0.6m、0.8m 和 1m 3 个半径上开展了实验。实验中,定义方位角(Bearing Angle)η 为接收者相对发送者在圆上的位置。实验中,接受者每隔 1° 进行一次实验,每个方位角下的实验重复 5 次。4 个误码率为 0 的位置根据上面电场通信的模型求出,已经在图 7.35 中标出,分别为 36°、144°、216° 和 324°。

图 7.36 所示为接收者在相对发送者不同位置时的误码率分布图。

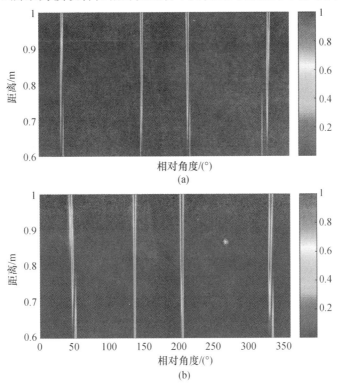

图 7.36 发送者和接受者平行时,接受者在发送者不同位置时的误码率分布图
(在临界误码率区域内的误码率标准差小于 10%,
在临界误码率区域外的误码率标准差小于 0.1%)
(a)模型误码率分布图;(b)机器鱼的误码率分布图。

首先,很明显可以看出,接收信号的机器鱼在绝大多数的平面位置上的通信误码率几乎都为 0,仅存在 4 个误码率较高的、很小的区域。结合前面机器鱼相对角度变化时的实验结果,可以断定电场通信几乎是一种全向通信。实验中的4个高误码率的区域和理论误码率为100%的4个角度较为接近。具体地,鱼模型通信时的4个高误码率区域的中心分别为33°、147°、214°和326°,而机器鱼通信时的4个高误码率区域的中心为46°、135°、204°和332°。可以看出,使用模型通信时的高误码率区域的中心更接近相应的理论角度值,而仿箱鲀机器鱼通信时的高误码率区域的中心偏离了相应的理论角度大约10°。另外,高误码率区域的范围从距离0.6m到1m有逐渐增大的趋势。这是因为两条机器鱼的距离增大时,电场强度会逐渐减小,相应的机器鱼上的电极板间的电势差会减小,从而导致电场通信质量的下降。因此,可以合理地推测,当仿箱鲀机器鱼间的距离继续增大时,高误码率区域还会继续增大。

7.6.5 电场通信控制仿箱鲀机器鱼

水下电场通信的性能测试完成后,我们开展了基于电场通信的两类仿箱鲀机器鱼控制实验展示电场通信在水下机器人应用中潜力。第一个是上位机通过电场通信控制机器鱼运动,第二个是两条机器鱼通过电场通信实现运动同步。

使用电场通信系统控制仿生机器鱼时,需要制定电场通信协议。这里对通信协议做如下说明。电场通信的通信协议共有8个字节,分为4个部分:包头、数据、校验位和包尾。包头和包尾分别是第1个字节和第8个字节。校验位用来检测数据是否有错误,是协议中的第7个字节。数据部分包含5个字节,每个字节的定义如下。

第1个字节:发送者ID,最大编码ID为255。

第2个字节:接收者ID,最大编码ID为255,其中0×FF默认为广播ID。

第3个字节:运动模态控制字节。仿生机器鱼的运动模态编码为开始(0×00)、停止(0×FF)、直线游动(0×01)、左转弯(0×02)、右转弯(0×03)、上浮(0×04)、下潜(0×05)、状态信息通知(0×06)及复合功能(0×AA)等。

第4个字节:机器鱼航向角。

第5个字节:机器鱼鳍肢摆动频率。

如图7.37所示,上位机通过电场通信控制机器鱼实现不同的运动模态,从而在水中躲避障碍物。

上位机发送一次控制命令,如果机器鱼正确执行就表示这次实验成功。实验共进行了300次,统计得到实验成功率为98%。失败的实验应该是接收机器鱼在发射电场的等势线附近。和光通信相比,电场通信不需要任何对准装置,因此,非常适合移动水下机器人之间的通信。

另外,当多个水下机器人在执行任务时,水下机器人之间需要信息交换。这

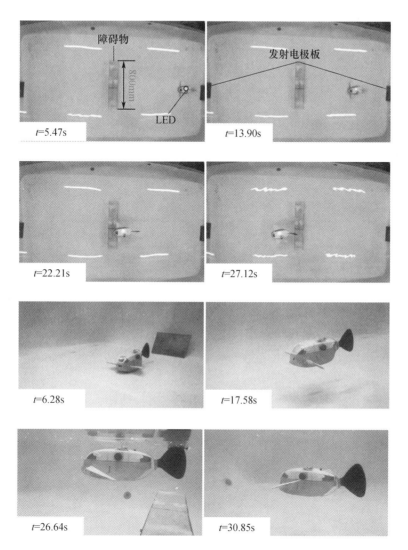

图 7.37　上位机通过电场通信控制机器鱼运动

里展示两条机器鱼通过电场通信实现了运动同步。具体来说,一个领航者
(Leader)机器鱼通过对一个跟随者(Follower)机器鱼发送电场信息,自主地带
领跟随者在三维空间内躲避水中的障碍物。图 7.38 展示了实验场景示意图。

　　这里定义一次实验的过程:开始时,两条机器鱼都停留在开始区域;接着,领
航者自动开始执行几个连续的运动模态(前进→上升→直游→下潜→直游→停
止)跨越水中的一个障碍并最终到达结束区。每当领航者开始执行一个新的运

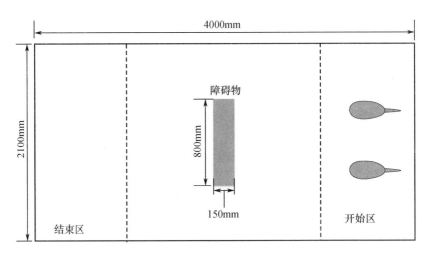

图 7.38　基于电场通信的双机器鱼运动同步示意图

动状态时,它会把这个新的运动状态通过电场通信发送给跟随者。这样,跟随者就可以在领航者的带领下跨越障碍物,而自己不必知道障碍物的任何信息。控制协议的定义和前面远程控制单鱼运动的实验相同。一次成功的实验为跟随者正确地执行了领航者的 6 个运动模态并且成功跨越了障碍物。实验共进行了100 次,成功了 71 次。这表明,电场通信可以在水下多机器鱼协作研究中实现较为可靠的信息交换。

两条机器鱼运动同步实验过程的实物图如图 7.39 所示。

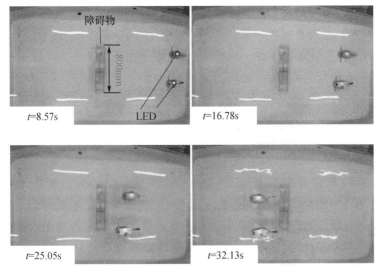

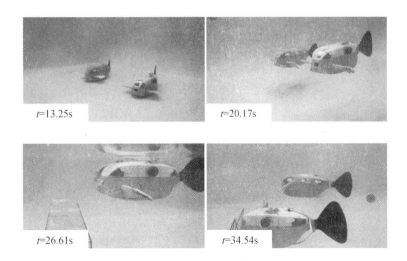

图 7.39　两条机器鱼通过电场通信实现同步运动

实验中,机器鱼体背部的一个红色 LED 指示接收和发送数据的时刻。从图中可以看出,接收和发射过程几乎同时发生,没有任何时延。这说明,电场通信的速度非常快。实际上,如前面所述,水下电场通信的速度远远大于水中声波通信的速度。因此,电场通信很适合在一些控制实时性要求较高的应用场合。

第8章 自主定位与导航

水下机器人定位是指机器人通过自身感知系统从水下环境获取和定位相关的信息数据,然后再经过一定的算法处理,进而对水下机器人当前的位置和航向进行准确估计的过程。在复杂甚至未知的水环境中执行任务(如水下机器人执行水下地图绘制和水下搜救等任务)时,自主定位非常关键。因此,水下定位一直是水下机器人研究领域的热点之一[214-216]。

根据所使用的主要传感器,水下机器人定位分为水声定位、惯性导航定位以及视觉定位。由水下声波发射接收器及其应答器相互作用构成的水下定位系统称为水声定位系统,其主要应用于大型航行器。水声定位系统利用声波在应答器与接收器之间的时间差对在海面运行的设备进行定位,可以满足定位精度和实时性的要求。但水声定位系统的构成复杂,校正工作也需要花费很多时间。惯性导航定位主要采用惯性导航系统(Inertial Navigation System, INS)和一些辅助传感器来联合定位,其应用非常广泛[215]。辅助传感器用来校准惯性导航模块的偏移,常见的辅助传感器是多普勒测速仪(Doppler Velocity Log, DVL)和GPS。视觉定位主要由场地构建、图像处理和定位算法三部分组成,合理简单的场景设计是视觉定位可靠和鲁棒的前提条件。其中的图像处理部分一般选择不变特征作为目标识别和特征匹配的依据。因视觉传感器的感知距离有限,基于视觉的定位一般应用于面积较小的水域[217, 218]。

水下机器人在广阔的海域执行任务时一般采用水声定位或惯性导航定位[214, 219],其定位精度一般在米或十米级别。这两种定位系统所需的传感器体积一般较大,而且所要求的处理器性能也较高,这导致相应水下机器人的一般体积较大并且机动性较差,从而不能胜任一些高精度操作要求的水下任务,如水下工事修理和搜救遇难船只。

相比之下,基于视觉定位的小型水下机器人具有较高的灵活性。尤其是近年来兴起的仿生机器鱼,可以和周围环境很好地融合[25, 36, 220, 221]。因此,具有水下定位能力的仿生机器鱼可能是解决水下高精度操作要求任务的有效方案之一。

一般来说,小型水下机器人所携带的处理器性能有限,传感器价格低廉且精

160

度较低。因此,目前小型水下机器人的高精度定位难度较大,研究较少,并没有很好的解决方案。文献[222]提出了一种基于编码图的水下高精度视觉定位算法,但此系统的实施过程相当复杂。文献[223]提出了一种定位精度在 10 cm 级别的定位算法,但机器人必须保持静止。文献[217]实现了一种针对小型水下机器人双目视觉和 IMU 的高精度定位系统,但此系统需要双目摄像头的精确校准并且水下机器人获知自身初始位置。

水下机器人的高度非线性的特性已被一些建模研究所验证[28, 59, 61]。因此,目前的水下机器人定位一般采用扩展卡尔曼滤波(Extended Kalman filters,EKFs)和无偏卡尔曼滤波(Unscented Kalman filters,UKFs)[224-226]。但 EKFs 一般仅适用于低阶非线性系统,虽然 UKFs 可处理高阶非线性系统,但其仍要求系统满足高斯密度分布。当水下机器人的模型不精确或噪声假设条件不满足时,EKFs 或 UKFs 定位可能会变得不太稳定。因此,EKFs 和 UKFs 可能不是解决水下机器人定位问题的最好方案。一种基于贝叶斯滤波的定位算法,蒙特卡罗定位(Monte Carlo Localization,MCL),因其可以适用于几乎所有的非线性系统和噪声分布,我们认为蒙特卡罗定位可以很好地解决水下机器人定位问题。蒙特卡罗定位通过一定数量、带有权重的粒子数值逼近系统的最优估计。蒙特卡罗定位方法的收敛性已被证明[227, 228]。另外,蒙特卡罗定位算法已在水下机器人定位中有了初步尝试[229-232]。总体来说,这些尝试一般都是离线进行或在大型水下机器人上开展的,目前,还没有基于蒙特卡罗定位的高精度定位在基于视觉的小型水下机器人的研究。

基于以上的分析讨论和我们以前的水下图像处理[25, 35, 36]及水下机器人[5, 25, 28-31, 143, 233]的研究,本书开发了一种基于 MCL 的高精度水下自主定位系统,并在小型机器鱼上进行了充分实验验证[12, 26]。该算法的一个显著特点是其可在计算能力有限且携带低性能传感器的小型水下机器人上进行实现。另一个显著特点是该定位算法在线进行,即可实现水下机器人在游动过程中实时自主定位。通过位置信息的实时反馈,在线自主定位将有助于水下机器人决策层做出正确及时的反应。另外,此算法不需要水下机器人的初始位置而可通过传感器在线获得初始位置。本书创新性地赋予蒙特卡罗定位中的观测更新和运动更新不同的优先级。这样,当水下机器人同时获得视觉和里程计信息时,具有更高可信度的视觉信息将被优先使用,从而使水下机器人可快速收敛到正确位置。所开发的机器人定位系统以 MCL 为主要定位框架,并利用自身携带的单目摄像头和 IMU 获取信息,最终的定位精度为 10cm 级,更新率为 5Hz。同时,使用卡尔曼滤波去除传感器信息噪声,获得稳定可靠的定位效果。

8.1　水下图像处理

水下图像处理是该定位算法的重要组成部分。通过图像处理,水下机器人可获得 MCL 算法中观测更新过程所需要的两个重要参数,即距离参数和角度参数。

与陆地上的图像相比,水下图像存在海雪效应、对比度低、颜色失真与退化等问题,因此,水下图像的质量一般较差。由于水环境的特殊性,水下机器人运动时的图像晃动程度远大于陆地机器人。因此,水下图像一般先通过图像的预处理提高图像质量。目前已有的几种图像预处理算法[234-238],基本都是离线进行的,而且需要较大计算资源,并不适合计算能力有限的小型水下机器人。

因此,本书采用了一种加速的自动颜色均衡(Accelerated Automatic Color Equaliza-tion,AACE)算法模型[239]。经过图像预处理后,我们提出一种自适应的水下图像处理算法获取机器人和水中色块的距离和相对角度,每个粒子再根据这两个参数与自身虚拟参数比较,进而更新自身权重。图 8.1 所示为水下图像处理的整个流程。接下来,分别对图像预处理算法和图像处理过程详细叙述。

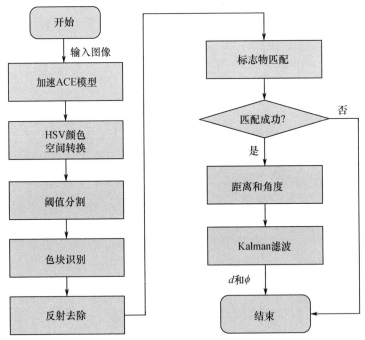

图 8.1　水下图像处理的流程

8.1.1 自动颜色均衡算法

自动颜色均衡(Automatic Color Equalization, ACE)算法模型的提出源于人类视觉的自适应机制的启发,它可以提高图像对比图和动态范围,锐化图像边缘[240]。但普通 ACE 模型计算非常耗时,目前并不适合实时应用。文献[239]提出了一种可大大减小计算时间加速的 ACE 模型。这里采用了 AACE 模型并对该模型进一步简化,以便应用在计算能力有限的仿生机器鱼上。具体的 AACE 模型流程图如图 8.2 所示。

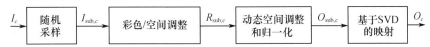

图 8.2 AACE 模型框图

其中:I_c 是输入图像;$I_{\text{sub},c}$ 是经过对原始图像随机采样后产生的子图像;$R_{\text{sub},c}$ 是子图像的一个中间结果;$O_{\text{sub},c}$ 是子图像的最终结果;O_c 是整幅图像的最终结果。c 代表了 R、G、B 三个颜色通道。

为了减少计算量,AACE 模型选择处理一个随机采样产生的子图像,再把这个子图像的处理结果映射到整幅图像上。所选子图像的大小可用来调节计算复杂度以适应不同需求。选择一个子图像后,中间图像 $R_{\text{sub},c}$ 的每个像素 i 由以下转化公式获得,即

$$R_{\text{sub},c}(i) = \frac{\sum_{i,j \in I_{\text{sub}}, j \neq i} r(I_{\text{sub},c}(i) - I_{\text{sub},c}(j))/d(i,j)}{\sum_{i,j \in I_{\text{sub}}, j \neq i} r_{\max} = d(i,j)} \tag{8.1}$$

式中:$d(i,j)$ 为一个欧拉距离,用来权衡全局和局部的滤波效应;分母是一个归一化参数,以避免图像边缘的光晕效应;$r_{\max}$ 为 $r(\cdot)$ 函数的最大值,$r(\cdot)$ 函数的定义为

$$r(\rho) = \text{sgn}(\rho) = \begin{cases} -1, & \rho < 0 \\ 0, & \rho = 0 \\ 1, & \text{其他} \end{cases} \tag{8.2}$$

接着,R_{sub} 的动态范围[239]被扩展到[$0, D_{\max}$],即

$$O_{\text{sub},c}(i) = \text{round}[D_{\text{mid}} + s_c R_{\text{sub},c}(i)] \tag{8.3}$$

式中:$D_{\max}$ 为动态范围最大值。对于 RGB 格式的图像,$D_{\max} = 255$,$D_{\text{mid}} = D_{\max}/2$ 和 $s_c = D_{\text{mid}}/\max(R_{\text{sub},c}(i))$。接下来,多项式函数用来描述输出子图像 $O_{\text{sub},c}$ 和输入子图像 $I_{\text{sub},c}$ 之间的关系。本书采用一阶多项式描述这种关系,定义为

$$R_o = a_{11} + a_{12}R_i + a_{13}G_i + a_{14}B_i \tag{8.4a}$$

$$G_o = a_{21} + a_{22}R_i + a_{23}G_i + a_{24}B_i \tag{8.4b}$$

$$B_o = a_{31} + a_{32}R_i + a_{33}G_i + a_{34}B_i \qquad (8.4c)$$

式中:i 为输入子图像;o 为输出子图像;系数 a 为映射关系的未知参数。一般情况下,这些多项式方程组成了一个超定系统,需要奇异值分解(Singular Value Decomposition, SVD)方法提取这些未知参数。一旦子图像的输入输出映射函数确定,这个映射关系就被应用到整个输入图像 I_c 上,以获得最终处理结果 O_c。原始图像和经过 AACE 算法处理的对比结果如图 8.3 所示。

图 8.3 实验对比结果(图像为仿生机器鱼距离色标 0.150m 和 0.05m 时所拍摄)
(a)没有使用 AACE 算法; (b) 使用了 AACE 算法。

可以看出,经过预处理的图像更加明亮,对比度更高,图像边缘更加清晰。图像质量的提高将有利于后续图像识别,后面将会进行验证。总体来说,AACE 算法对处理器性能要求不高,非常适合计算能力有限的小型水下机器人。

8.1.2 HSV 颜色分割

经过 ACE 滤波预处理后,去除水下某一单一颜色背景的干扰,使图像识别得到很大程度的提高,使最终得到的图像色彩更加鲜艳、明亮。下面要做的就是怎么准确快速地把不同的颜色进行区分开来。对于彩色图像的识别处理,由于 RGB 颜色空间很容易受明度亮度的影响,而 HSV 颜色空间对于明度与亮度的变换不敏感,表现更加恒定,因此,我们采用一种利用 HSV 颜色空间的特性,根据所获取的标志物的彩色信息,对输入的彩色标志物直接进行处理,最终快速确定标志物组合的方式。

HSV 具有三个颜色参数,分别为色度(H)、饱和度(S)、明度(V)。色度参数表示色彩信息,即所处的光谱颜色的位置。饱和度是指颜色的纯度,即掺入白光的程度,表示颜色深浅的程度。明度表示亮度是光作用于人眼所引起的明亮程度的感觉,它与被观察物体的发光强度有关。

首先,这里采用 HSV 颜色空间进行阈值分割。不同于 RGB 颜色空间,HSV 颜色空间把颜色强度(Intensity)从颜色信息中提取出来[241]。基于 HSV 空间的阈值分割可以很大程度上避免水下图像光照不均匀导致的颜色难以区分的问题。我们发现色块目标与环境背景之间的对比度会随着图像距离 d_s 的增加而减小。因此,我们根据图像距离自适应地调节颜色的阈值范围。

通过实验,选择色相(Hue)通道作为颜色辨别的主要特征。首先,经过 AACE 预处理算法的 RGB 图像转为 HSV 图像。从此刻开始,下标 c 将分别代表 H、S 和 V 通道。接着,像素 i 将会被识别成颜色 ν,即

$$\begin{cases} H_\nu^{\min} - k_\nu d_s < O_h(i) < H_\nu^{\max} + k_\nu d_s \\ O_s(i) > S_\nu^{\min} \\ O_v(i) > V_\nu^{\min} \end{cases} \tag{8.5}$$

式中:ν 代表红、黄和绿三种颜色,这是我们实验中的色块目标所使用的颜色;k_ν 表示颜色 ν 的调节参数;$H_\nu^{\min}$ 和 $H_\nu^{\max}$ 分别表示颜色 ν 在 H 通道中的上界和下界;$S_\nu^{\min}$ 和 $V_\nu^{\min}$ 分别代表 S 和 V 通道的最小值。$S_\nu^{\min}$ 和 $V_\nu^{\min}$ 可以用来去除图像背景中的噪声,这些阈值通常由实验提前获得。

8.1.3　标志物识别

经过自适应阈值分割后,带有噪声的色块目标基本可以被识别到。一般来说,目标像素会聚在一起形成一个较大闭合体,而噪声像素一般会是独立的或形成较小闭合体。因此,我们设计了一个带有窗口的色块检测器。图像中所有色块都与色块检测器进行比较,只有当色块的尺寸大于设定的窗口时,识别到的色块才被当作可能目标,否则,这个色块就被移除。另外,水下目标距离水面较近,图像中一般会包含目标倒影。因此,经过色块识别,真实目标和目标的倒影都会被识别为色块。此外,有时一些噪声也能通过色块检测器。但考虑到真实目标一般是最大的,而且处于图像中较低位置,我们设计了一个简单的倒影去除策略,反光消除方法如图 8.4 所示。当最终识别依然为两个及以上色块时,真实色块通过投票决定。

为了提高识别准确性,使用两个左右相邻的不同颜色色块组成一个有效目标。反光消除后,有效目标通过色标匹配算法被识别。首先,使用轮廓近似函数(OpenCV 库函数)独立识别两个色块的矩形轮廓。接着,当两个色块的中线距离在横向和纵向上都小于所设定的阈值时,两个色块判别为一个有效目标。两个相邻色块的边缘识别一般都会存在小的误差。选取合适的阈值距离可以有效提高目标识别度。

图 8.5 展示一组采用图像预处理和不采用图像预处理的对比结果。从图 8.5(b)和图 8.5(c)可以看出,经过 AACE 预处理算法后,图像的噪声已经基本

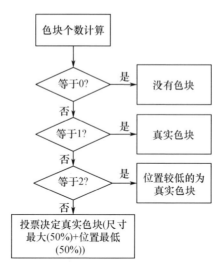

图 8.4　反光消除方法

去除。这主要由于 AACE 预处理算法提高了图像对比度,让色块识别更加容易。经过色块检测,噪声已经完全去除,只剩下真实色块与其相应的倒影,如图 8.5 (d)和图 8.5(e)所示。虽然两组结果都识别到了色块,但仔细观察会发现,经过图像预处理的识别结果更加准确。从图 8.5(e)、(g)和(h)中可以看到,没有经过图像预处理的结果相比于真实色块向右偏移了一个小的距离。

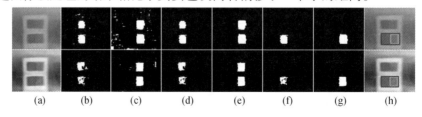

|(a)|(b)|(c)|(d)|(e)|(f)|(g)|(h)|

图 8.5　经过图像预处理(下)和没有经过图像预处理(上)最终对比结果

(a)原始图像;(b)经过红色阈值后识别到的图像;(c)经过绿色阈值后识别到的图像;
(d)经过红色色块检测器后图像;(e)经过绿色色块检测器后图像;
(f)经过反光消除后的红色色块;(g)经过反光消除后的绿色色块;(h)最终识别结果。

　　进一步,图像处理算法的自适应度也通过大量的实验进行了系统测试。图 8.6 展示了仿箱鲀机器鱼对着目标从远处慢慢地游向目标时,使用和没有使用图像预处理算法的实验结果对比。

　　很明显,AACE 预处理算法拓宽了水下机器人的目标识别距离。另外,经过预处理的图像有着更加精确的识别结果。这将有利于提高后面定位算法的精度。

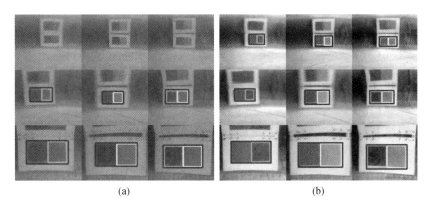

图 8.6　实验对比结果(图像是机器鱼从不同的距离游向不同的有效目标时拍摄)

(a)没有使用 AACE 算法；(b)使用了 AACE 算法。

更一般地,我们系统地统计了机器鱼在水中游动时的图像识别率。如表 8.1 所列,在距离较远(0.12～0.15m) 时,AACE 预处理算法可以明显地提高目标的识别率。提高目标识别距离对水下机器人来说意义重大,它可以让机器鱼对未知环境有更多的反应时间。在中等距离(0.09～0.12m) 时,使用 AACE 算法的识别率比没有使用加速 ACE 算法的识别率稍高一些。相比之下,在近距离(0.6～0.9m)时,采用 AACE 算法的识别率反而有所下降。这可能是在近距离时使用 AACE 预处理算法后的色块颜色变化较大。这个问题可以寻找更适合于预处理算法后的颜色阈值解决。

表 8.1　未使用/使用 AACE 预处理算法的识别率统计(单位:%)

距离/m	RG	GR	RY	YR	GY	YG
0.12～0.15	15.7	24.4	31.5	50	5.4	43.8
0.12～0.15(AACE)	83.3	44.9	51.9	77.3	83.9	80.2
0.09～0.12	97.2	98.4	94.8	41.8	80.0	67.9
0.09～0.12(AACE)	95.5	99.1	97.0	75.3	90.9	80.4
0.06～0.09	97.5	97.3	98.2	96.2	93.8	87.8
0.06～0.09(AACE)	92.9	97.2	97.3	95.3	89.4	88.6

8.1.4　标志物距离与角度

经过色块匹配,水下机器人与有效目标之间的距离和相对角度可以计算得到。如图 8.7 所示,当有效色标在当前图像中被识别到后,水下机器人与色标之间的距离 d 便可以依据小孔成像原理获得。

同时,图像视野的中线 O_rO_c 与色标中线 O_rO_l 之间的夹角 ϕ 也可以计算得

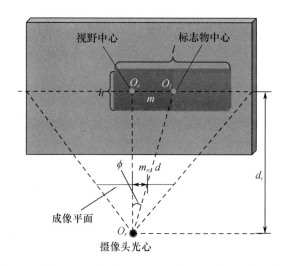

图 8.7 机器鱼与色标之间的距离和相对角度的计算示意图

到。d 和 ϕ 是 MCL 的观测更新过程需要的两个重要参数,它们的定义为

$$d = \sqrt{d_c^2 + m^2} = \sqrt{\left(\frac{d_f h}{h_o}\right)^2 + \left(\frac{m_o h}{h_o}\right)^2} \qquad (8.6)$$

$$\phi = \arctan \frac{m}{d_c} \qquad (8.7)$$

式中:d_c 为摄像头光心与摄像头视野中心的距离;m 为视野中心与色标中心的真实距离;m_o 为视野中心与色标中心的像素距离;h 为色标的实际高度;h_o 为色标的像素高度;d_f 为摄像头的焦距,$d_f = d_{\min} L_0 / h$。其中,L_0 是图像的最大像素高度(在实验中 $L_0 = 144$),$d_{\min}$ 是当色标的宽度充满整个相平面时,摄像头距离色标的真实距离,$d_{\min}$ 通过实验获得。h_o、m_o、d_f 和 L_0 的单位是像素,而 m、h 和 $d_{\min}$ 的单位是 m。假设色标的中心平面和摄像头视野的中心平面始终在一个水平面上,实验中,这个假设可以基本满足。

最后,对 d 和 ϕ 使用了卡尔曼滤波。假设状态 $\boldsymbol{s} = [d\ \phi]^{\mathrm{T}}$ 是一个有噪声的真实值而不包含任何动力学模型,因此,$\boldsymbol{A} = [1\ 0;0\ 1]$。另外,系统没有控制输入,所以 $\boldsymbol{u} = 0$。因为我们直接测量的是系统状态,所以 $\boldsymbol{H} = [1\ 0;0\ 1]$。$d$ 和 ϕ 的测量标准差为 $\boldsymbol{R} = [0.23^2\ 0;0\ 0.20^2]$。我们尝试性地选择 $\boldsymbol{Q} = [0.01\ 0;0\ 0.01]$,最后有不错的效果。图 8.8 展示了经过卡尔曼滤波后得到的距离和角度。

实验是这样进行的:开始时,机器鱼在距离色标 0.14m 时看到一个有效色标;在 $t = 12$s 时机器人以 0.08m/s 的速度径直游向有效色标。可以看出,经过滤波后的距离的角度信息更加准确与稳定。最后测试得到 d 的精度为 3.52cm,ϕ 的精度为 2.36°。

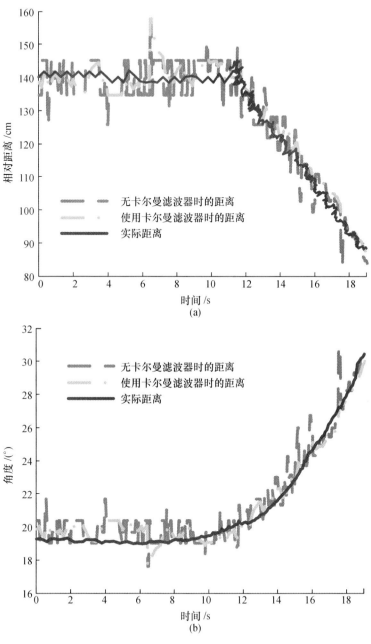

图 8.8　滤波前后的距离和相对角度

（a）距离；（b）相对角度。

8.2 IMU 里程计

所开发的 IMU 使用方向余弦矩阵法[242]获得稳定的角度输出。缩写"DCM"这里指的是一种算法,这种算法用方向余弦矩阵计算水下机器人的姿态,同时,用加速度信息校正陀螺仪数据。本文主要研究平面内的定位,因此,利用航向角和平面内的加速度数据可生成一个平面里程计。根据 DCM 算法,水下机器人的航向角主要由电子罗盘获取。但电子罗盘容易受到周围电子设备(如舵机和电路板)的电磁干扰。在实验室环境测试发现,IMU 装在仿箱鲀机器鱼上时测量航向角误差最大能达到30°,这会对后面的定位造成较大影响。因此,航向角的误差需要进行校准。

假设 IMU 周围的电磁场是固定不变,使用如图 8.9 所示的校准装置进行了如下的校准。

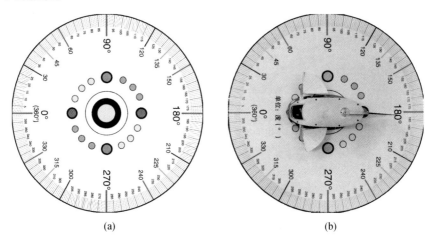

(a)   (b)

图 8.9 IMU 校准装置
(a) 校准装置;(b) 校准场景。

实验中,机器鱼从0°到360°,每隔10°作为一个测试角度。在每个测试角度时令机器鱼静止,并记录真实角度值和 IMU 测量角度值。随机选取实验水池中的 4 个位置为测试位置,每个测试位置实验重复 5 次。最后,使用分段拟合方法获得校准后的角度 ψ。如图 8.10 所示,校准后的最大误差角度减小到了2°,校准后的角度当作机器鱼的真实航向角。

加速度计可粗略记录机器人加速度信息,再结合精确的航向角,可以得到机器鱼的里程信息。实际上,因机器鱼游动时的身体晃动,传感器测量的鱼体坐标

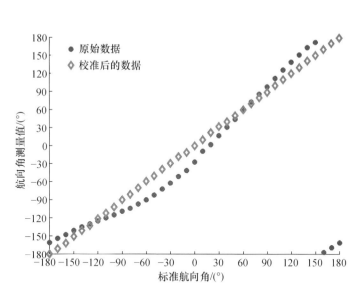

图 8.10 机器鱼航向角的校准结果

系下的 x 轴方向上和 y 轴方向上的加速度值都包含重力加速度。获取较为纯净的运动加速度的计算公式如下:$\boldsymbol{a}_{\text{pure}} = \boldsymbol{g} - \boldsymbol{R}\boldsymbol{a}_{\text{acc}}$。其中,$\boldsymbol{R}$ 是旋转矩阵,$\boldsymbol{g}$ 是重力加速度,$\boldsymbol{a}_{\text{acc}}$ 是加速度测量值。为获得纯净运动加速度,我们做了大量实验,但一直没有得到较为满意的里程计。反而,直接利用加速度计的测量值生成机器鱼的里程计较为合理和准确,具体的里程计计算公式为

$$\begin{bmatrix} \Delta x \\ \Delta y \end{bmatrix} = \frac{1}{2}\begin{bmatrix} \cos\psi & -\sin \\ \sin\psi & \cos\psi \end{bmatrix}\begin{bmatrix} \bar{a}_x \\ \bar{a}_y \end{bmatrix}\begin{bmatrix} \Delta t^2 & 0 \\ 0 & \Delta t^2 \end{bmatrix} \tag{8.8}$$

式中:$\Delta t = \lambda T$,$T = 0.04\text{s}$ 为加速度输出的时间间隔,而 λ 是一个可以调节时间宽度的正整数;a_x 和 a_y 为加速度测量值;$\bar{a}_x$ 和 $\bar{a}_y$ 分别为 a_x 与 a_y 在时间间隔 Δt 内的平均值;Δx 和 Δy 为机器鱼在时间间隔 Δt 内、在全局坐标下 x 轴与 y 轴方向上移动的距离。λ 是一个和机器鱼游动速度相关的一个参数,取值为 $\lambda = 5$。

类似地,我们也对 Δx 和 Δy 使用了卡尔曼滤波。$[\Delta x \ \Delta y]$ 的参数选取类似于 $[d \ \phi]$:$\boldsymbol{A} = [1 \ 0; 0 \ 1]$,$\boldsymbol{u} = \boldsymbol{0}$,$\boldsymbol{H} = [1 \ 0; 0 \ 1]$,$\boldsymbol{R} = [0.57^2 \ 0; 0 \ 0.51^2]$ 和 $\boldsymbol{Q} = [0.01 \ 0; 0 \ 0.01]$。当仿箱鲀机器鱼沿着全局坐标系下的 y 轴前进时,仿箱鲀机器鱼的里程计如图 8.11 所示。在实验中,我们发现里程计只能在 30s 内比较准确。因此,想要获得精确定位,视觉信息必须被引入到定位系统中。

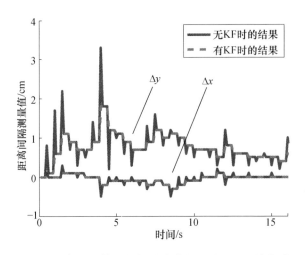

图 8.11　未使用和使用卡尔曼滤波的机器人里程计的对比

8.3　自主蒙特卡罗定位

蒙特卡罗定位也称为粒子滤波,是以贝叶斯滤波为理论基础的一种定位算法。蒙特卡罗定位通过传感器获取的数据对水下机器人状态空间的后验概率密度进行估计[243]。根据贝叶斯滤波理论,水下机器人在任一时刻 k 的状态 $\boldsymbol{x}_k$ 决定于传感器从时间零时刻开始到 t 时刻结束时所获得的数据。在粒子滤波中,机器鱼状态的后验概率密度由一系列分散的带有权重 $\{w_k^i\}_{i=1}^N$ 的粒子 $\{\boldsymbol{x}_k^i\}_{i=1}^N$ 估计。其中,i 是粒子的下标,N 是粒子的个数。$\{\boldsymbol{x}_k^i\}_{i=1}^N$ 和 $\{w_k^i\}_{i=1}^N$ 根据传感器信息进行迭代更新。

蒙特卡罗定位是基于概率的一种定位方式,用概率分布的方法确定机器人的位置,将水下机器人的位置状态表示为一种概率分布,为水下机器人的自身位置提供估计。由于基于蒙特卡罗的定位算法需要观测数据和运动数据,所以只有在看到标志物时才能利用基于蒙特卡罗的定位方式。在看不到标志物时,采用惯性导航定位算法进行定位,我们在仿箱鲀机器鱼身体内部安装了惯性测量单元(IMU),可以实时获取仿箱鲀机器鱼在坐标系中仿箱鲀机器鱼运行的加速度,这样就可以实时推算出下一步的位置。基于蒙特卡罗的定位算法,定位精度高,但是需要标志物始终在摄像头的视觉范围;基于惯性导航的定位,随着时间的增加,误差较大,最后可能会出现漂移。两者相互结合,蒙特卡罗定位正好起到对惯性导航定位的修正,惯性导航可以解决蒙特卡罗定位的盲区,实现定位的准确性和鲁棒性。

如图 8.12 所示,该定位算法以蒙特卡罗算法为主要框架,同时使用卡尔曼滤波对外部和内部的传感器信息进行处理。

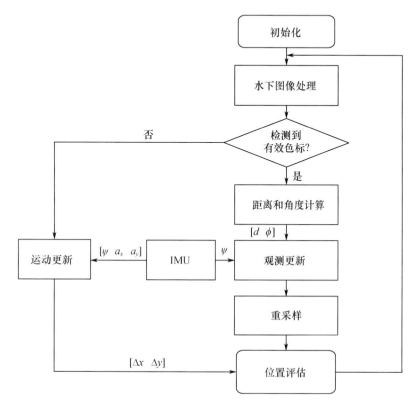

图 8.12　仿箱鲀机器鱼自主定位的流程图

如果机器鱼看到一个有效色标,该定位算法将会执行观测更新和重采样过程,并最终评估仿箱鲀机器鱼的位置。观测更新根据计算得到距离 d 和 ϕ 重新分布粒子的权重 $\{w_k^i\}_{i=1}^N$。接着,重采样增加一定数量的具有较高权重的粒子,去除一定数量的具有较低权重的粒子。通过观测更新与重采样,权重较高的粒子会逐步地围绕在机器鱼的真实状态附近。如果机器鱼没有看到有效色标,定位算法将会执行运动更新。运动更新基于仿箱鲀机器鱼的里程计 $[\Delta x\ \Delta y]$。最后,由包含最多粒子的子区域内的粒子共同决定机器鱼的状态。

与传统的蒙特卡罗定位算法相比,我们针对传感器信息的可靠度创新性地引入了信息的优先级。因为视觉信息比里程计信息更加可靠,视觉信息拥有更高的优先级。因此,当仿箱鲀机器鱼获得有效的视觉信息时,我们忽略了运动更新。信息优先级的引入让机器人位置估计可以快速地收敛到真实状态。

8.3.1　粒子初始化

如图 8.13 所示,机器鱼在全局坐标系 $\{x,o,y\}$ 下 k 时刻的位姿(位置和姿态)可以表示为 $\boldsymbol{x}_k = [\,\boldsymbol{x}_k\ \boldsymbol{y}_k\ \boldsymbol{\psi}_k\,]^{\mathrm{T}}$。

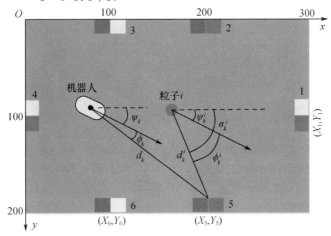

图 8.13　机器鱼和粒子的全局坐标系

类似地,$\boldsymbol{x}_k^i = [\,\boldsymbol{x}_k^i\ \boldsymbol{y}_k^i\ \boldsymbol{\psi}_k^i\,]^{\mathrm{T}}$ 表示粒子 i 在时刻 k 的位姿。权重 w_k^i 表示表示粒子 i 在时刻 k 时与机器鱼真实状态相等的概率。机器鱼不知道自身的初始位置。不失一般性,N 个粒子的初始状态随机产生,每个粒子的权重为 $w_0^i = 1/N$。因仿箱鲀机器鱼从 IMU 获得的航向角精度较高,我们直接把它当作仿箱鲀机器鱼的真实朝向:$\boldsymbol{\psi}_k^i = \boldsymbol{\psi}_k$。因此,机器鱼的位姿估计就简化为了机器鱼的位置估计。

8.3.2　观测更新

如图 8.12 所示,当仿箱鲀机器鱼获得有效视觉信息后,该算法会根据计算得到的距离参数和角度参数执行观测更新。

首先,我们为每个粒子定义两个虚拟的参数 d_k^i 和 ϕ_k^i。d_k^i 定义为粒子 i 与检测到的有效色标之间的距离;ϕ_k^i 定义为机粒子 i 与检测到的有效色标中心线之间的夹角。原则上,距离差距 $d_k - d_k^i$ 越小,说明该粒子越接近机器鱼的真实位置。此时,会增加粒子 i 的权重。这个原则同时适用于角度参数。因为粒子 i 的位置和机器鱼看到的色标所评估的位置是已知的,虚拟距离 d_k^i 很容易计算。这里详细介绍虚拟角度 ϕ_k^i 的计算。第一步,先计算粒子 i 和色标之间的角度 σ_k^i,即

$$\sigma_k^i = \begin{cases} \arctan \dfrac{Y_\eta - y_{k-1}^i}{X_\eta - x_{k-1}^i}, & X_\eta > x_{k-1}^i \\[3mm] \arctan \dfrac{Y_\eta - y_{k-1}^i}{X_\eta - x_{k-1}^i} + \pi \mathrm{sgn}(Y_\eta - y_{k-1}^i), & X_\eta < x_{k-1}^i \\[3mm] 0.5\pi \mathrm{sgn}(Y_\eta - y_{k-1}^i), & X_\eta = x_{k-1}^i \end{cases} \qquad (8.9)$$

式中：(X_η, Y_η) 是第 η^{th} 个色标的位置；符号函数 $\mathrm{sgn}(\cdot)$ 已经在式（8.2）中定义。这样，ϕ_k^i 的算式为

$$\phi_k^i = \sigma_k^i - \psi_k^i \qquad (8.10)$$

最后，粒子 i 在时刻 k 的权重被重新计算为

$$w_k^i = \mathrm{e}^{-\frac{(d_k - d_k^i)^2}{\tau_1}} \mathrm{e}^{-\frac{(\phi_k - \phi_k^i)^2}{\tau_2}} w_{k-1}^i \qquad (8.11)$$

式中：w_{k-1}^i 为粒子 i 在时刻 $k-1$ 时的权重；常数 τ_1 和 τ_2 用来调节算法的收敛速度。权重更新后，那些与机器人状态接近的粒子的权重会增大。角度差 $\phi_k - \phi_k^i$ 同时需要视觉信息和 IMU 信息并且粒子的权重更新同时依赖于距离差和角度差两个参数。因此，可以说，该算法很好地融合了视觉信息和 IMU 信息实现高精度的水下定位。

8.3.3　重采样模型

简单地说，重采样就是复制那些距离自主鱼真实位置较近的粒子，去掉那些与机器鱼的真实位置较远的粒子。具体地，我们增加 N_h 个权重最高的粒子，去除 N_l 个权重最低的粒子，同时增加 $N_l - N_h (N_l > N_h)$ 个权重为 $1/N$ 的随机粒子。为了提高系统的鲁棒性，复制的粒子的权重加入了一个小的不确定性，即

$$\boldsymbol{x}_k^c = \boldsymbol{x}_{k-1}^h + \Delta \boldsymbol{e} \qquad (8.12)$$

式中：$\boldsymbol{x}_k^c$ 为复制得到的粒子；$\boldsymbol{x}_{k-1}^h$ 为具有高权重的粒子在 $k-1$ 时刻的状态；$\Delta \boldsymbol{e}$ 为增加的不确定性，其具体的表达式为

$$\Delta \boldsymbol{e} = \begin{bmatrix} \Delta e_x & \Delta e_y & \Delta e_\psi \end{bmatrix}^{\mathrm{T}} = \begin{bmatrix} \kappa_x & \kappa_y & \kappa_\psi \end{bmatrix}^{\mathrm{T}} \mathrm{tridis}(-1, 0, 1) \qquad (8.13)$$

式中：κ_x、κ_y 和 κ_ψ 为调节不确定性大小的 3 个参数；$\mathrm{tridis}(-1, 0, 1)$ 表示下界为 -1、上界为 1、众数为 0 的三角分布。

参数 N_h 和 N_l 可以控制算法的收敛速度。另外，每次迭代中加入随机粒子是为了保证算法的全局搜索能力，这样既可以保证算法的收敛性，也可以避免机器鱼被"绑架"。

8.3.4　运动更新模型

如果仿箱鲀机器鱼没有看到有效色标，运动更新将被执行。运动更新过

程为

$$
\boldsymbol{x}_k^i = \begin{bmatrix} x_k^i \\ y_k^i \\ \psi_k^i \end{bmatrix} = \begin{bmatrix} x_{k-1}^i \\ y_k^i \\ \psi_k^i \end{bmatrix} + \begin{bmatrix} \alpha & 0 & 0 \\ 0 & \alpha & 0 \\ 0 & 0 & 1 \end{bmatrix} \begin{bmatrix} \Delta x \\ \Delta y \\ 0 \end{bmatrix} \tag{8.14}
$$

式中：x_{k-1}^i 和 y_{k-1}^i 为粒子 i 在时刻 $k-1$ 的坐标；ψ_k^i 为粒子 i 的朝向。由于机器人里程计会产生漂移，α 用来调节运动更新的权重。

8.3.5 最终位置计算

在计算仿箱鲀机器鱼的最终位置时，我们将整个实验场地的长和宽分为 $M \times M$ 个子区域，然后再在所有连接的 $M_1 \times M_1 (M_1 < M)$ 的子区域中查找含有最多粒子的区域。最后计算该区域中粒子位置的加权平均值作为最终的位置，即

$$
\boldsymbol{x}_k = \begin{bmatrix} x_k \\ y_k \\ \psi_k \end{bmatrix} = \begin{bmatrix} \Sigma_{i \in R_k^m} w_k^i \cdot x_k^i / \Sigma_{i \in R_k^m} w_k^i \\ \Sigma_{i \in R_k^m} w_k^i \cdot y_k^i / \Sigma_{i \in R_k^m} w_k^i \\ \psi_k \end{bmatrix} \tag{8.15}
$$

式中：R_k^m 包含最多粒子的 $M_1 \times M_1$ 的子区域。这样计算可以增强定位的鲁棒性，不会因为由于观测错误导致某个粒子的权重突然变大影响到整体的定位效果。

8.4 定位评估实验

本节将算法应用在仿箱鲀机器鱼实体上，进行相关的物理实验，以验证前面所论述的算法的有效性。

8.4.1 收敛速度评估

定位算法的收敛速度对水下机器人来说非常重要，它决定着水下机器人获知自身精确位置的时间。因此，我们首先测试算法的收敛时间。实验中，部分重要参数的取值如下：$N = 100$，$N_h = 20$，$N_t = 25$，$\tau_1 = 2000$，$\tau_2 = 5$，$M = 10$ 和 $M_1 = 3$。图 8.14 画出了当仿箱鲀机器鱼突然看到色标柱时粒子的收敛速度。

粒子的初始位置是随机分布的。当机器鱼获得有效的视觉信息后，粒子快速地向机器鱼的真实位置靠近。算法估计的机器鱼位置在两个迭代周期后已经非常接近仿箱鲀机器鱼的真实位置。我们重复了 20 次实验评估所提出的算法的收敛速度和定位精度。当仿箱鲀机器鱼静止时，该算法的定位精度为 1.8cm，航向角的精度为 $1.5°$，该算法的定位精度高于文献 [223] 中类似环境下所得到的定位精度。

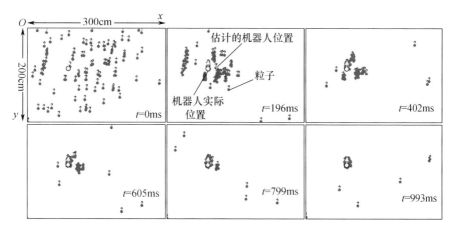

图 8.14 在线定位算法的收敛过程(圆点代表位置,箭头代表朝向)

8.4.2 全场定位实验

实验水池中布置的色标有限,而且仿箱鲀机器鱼的摄像头视野也有限,因此,仿箱鲀机器鱼在实际游动时看到有效色标时间并不多。如果这样,仿箱鲀机器鱼在自由游动时,该算法的信息源会在视觉信息和里程计信息之间经常切换。本实验评估当仿箱鲀机器鱼在水池中自由游动较长时间时,定位算法的准确性和鲁棒性。水池中均匀布置 6 个色标,如图 8.13 所示。

实验中,仿箱鲀机器鱼以 8cm/s 的速度自由游动 80s。定位算法对仿箱鲀机器鱼的位置估计与仿箱鲀机器鱼真实位置的对比如图 8.15(a)所示。

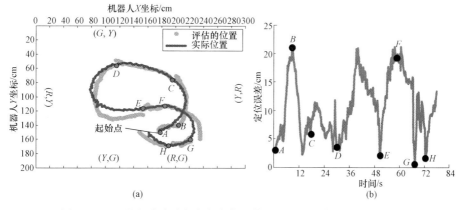

图 8.15 机器鱼游动时在线定位算法估计的位置和真实位置的对比

(a)轨迹图;(b)误差图。

开始时,机器鱼看到了黄红(Yellow – Red, YR)色标并转弯。此时,机器鱼通过定位算法估计为当前位置"A"。随着转弯的持续,机器鱼在某一位置时无法再看到色标,此位置被定位算法估计为"B"位置。因此,从"B"位置开始,定位算法通过基于IMU的里程计信息更新评估机器鱼的位置。机器鱼继续转弯,看到了绿黄(Green – Yellow,GY)色标,此时,机器鱼的位置估计快速地收敛到实际位置附近,并被定位算法估计为"C"位置。但很快机器鱼又失去了视觉信息,进而,基于里程计更新自己的位置估计。在 $t = 30s$ 时,机器鱼看到了 RY 色标并估计为位置"D"。类似地,机器鱼很快又看不到 RY 色标而使用运动更新持续估计的自身位置。在 $t = 51s$ 时,机器鱼又看到 YR 色标,定位算法对机器鱼的位置估计快速收敛到一个较为准确的位置"E"。从"E"位置开始,机器鱼开始右转并在位置评估"F"位置时失去视觉信息。随着机器鱼的继续游动,它又看到了色标并定位到一个相对准确的"G"位置。很快色标又在机器鱼的视野内消失。当 $t = 73s$ 时,机器鱼又捕捉到 GY 色标并定位为"H"位置。但色标很快又消失于机器鱼的视野。此时,机器鱼只能依靠自身的里程计信息估计自身位置。

从实验结果可以看出,凭借提出的定位算法,机器鱼在水中游动时可实现自主、精确和实时的定位。尽管机器鱼不能经常看到色标,但其作用重大。因为当机器鱼看不到色标时,其只能通过运动更新估计自身位置,但此时机器鱼的位置会随着时间发生漂移。只有当机器鱼再次看到色标时,位置估计才能快速收敛到较为准确的状态。图8.15(b)画出了算法的定位误差。很明显,在机器鱼看到色标时,机器鱼的定位误差会很快减小,如图中标出的位置 A、C、D、E 和 H。另外,我们做了5次类似的实验评估定位算法的鲁棒性。分析得到,5次定位实验的平均误差都低于0.1m,其中4次实验的最大定位误差低于0.25m。但其中一次实验的最大定位误差达到了0.5m,主要原因是一个色标被算法误识别了。图8.16展示了定位实验的实物图。

8.4.3 与扩展卡尔曼滤波定位对比实验

为了深入评估所提出的基于 MCL 的定位算法,我们开展了与扩展卡尔曼滤波(EKF)算法的对比定位实验。实验中,机器鱼以 8cm/s 的速度自由游动50s。图8.17所示为本书定位算法的位置估计,EKF 算法位置估计以及仿箱鲀机器鱼真实位置轨迹的对比图。

可以看出,MCL 和 EKF 算法都能够通过传感器信息获知机器鱼的初始位置。当机器鱼运动到"B"位置时,图像处理算法对距离 d 的评估出现较大误差,导致了 MCL 算法的位置估计出现了一个相对较大的定位误差,但 EKF 定位算

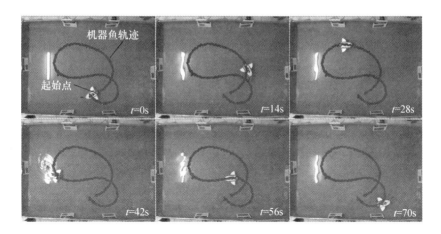

图 8.16 机器鱼自由游动时定位实验场景

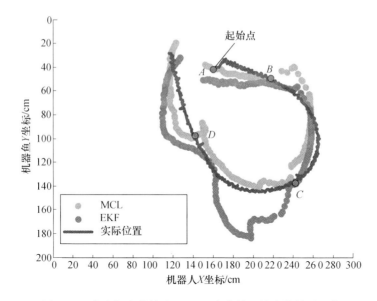

图 8.17 本文提出的算法和 EKF 定位算法的定位效果比较

法所评估的位置却几乎没受到影响。接着,当机器鱼看不到色标时,两种算法都依赖 IMU 评估自身位置。在位置"C"时,机器鱼看到了色标但持续时间很短。这时所提出的 MCL 算法可快速地收敛到机器鱼真实位置。相比之下,EKF 算法却收敛较慢。这主要是因为一两次有效测量不足以决定 EKF 算法的评估趋势。类似的情况发生在了位置"D"。在位置"D",机器鱼也是仅在很短一段时间内看到了色标。此时,MCL 算法能够很快地收敛到真实位置,但 EKF 算法却依然收敛得比较慢。我们做了 5 组对比实验,更全面地分析二者的定位性能。MCL

的定位精度为 9.64cm, EKF 的定位精度为 10.85cm。由于实验场地色标较少，机器鱼经常只能在很短的一段时间内看到色标。但 EKF 定位一般是经过多次测量逐步收敛到一个正确状态，一两次的视觉测量信息无法加快 EKF 收敛速度。但 MCL 算法却能够依靠少数测量很快收敛到正确位置。这就导致了在目前的定位场景下，MCL 定位算法比 EFK 的表现稍好一些。但必须认识到，MCL 算法对于测量误差的抵抗能力较弱。

参 考 文 献

[1] Howard F. Wilbur and Orville: a biography of the wright brothers. New York: Courier Corporation,2013.

[2] McCarty M. Life of bionics founder a fine adventure. Dayton Daily News. Thursday, January, 2009, 29:2009.

[3] Marvi H, Gong C, Gravish N, et al. Sidewinding with minimal slip: snake and robot ascent of sandy slopes. Science, 2014, 346(6206):224 – 9.

[4] Mackenzie D. A flapping of wings. Science, 2012, 335(6075):1430 – 1433.

[5] Wang W, Xie G. CPG – based locomotion controller design for a boxfish – like robot. International Journal of Advanced Robotic Systems, 2014, 11(87):1 – 11.

[6] Bandyopadhyay P R. Trends in biorobotics autonomous undersea vehicles. IEEE Journal of Oceanic Engineering, 2005, 30(1):109 – 139.

[7] Helfman G, Collette B B, Facey D E, et al. The diversity of fishes: biology, evolution, and ecology. West Sussex: John Wiley & Sons, 2009.

[8] Sfakiotakis M, Lane D M, Davies J. Review of fish swimming modes for aquatic locomotion. IEEE Journal of Oceanic Engineering, 1999, 24(2):237 – 252.

[9] Coombs S, Bleckmann H, Fay R R, et al. The lateral line system. New York: Springer, 2013.

[10] Lissmann H, Machin K. The mechanism of object location in gymnarchus niloticus and similar fish. Journal of Experimental Biology, 1958, 35(2):451 – 486.

[11] Weihs D. Hydromechanics of fish schooling. Nature, 1973, 241:290 – 291.

[12] Wang W, Xie G. Online high – precision probabilistic localization of robotic fish using visual and inertial cues. IEEE Transitions on Industrial Electronics, 2015, 62(2):1113 – 1124.

[13] Ijspeert A J, Crespi A, Ryczko D, et al. From swimming to walking with a salamander robot driven by a spinal cord model. Science, 2007, 315(5817):1416 – 1420.

[14] Lindsey C. Form, function, and locomotory habits in fish. Fish physiology, 1979, 7:1 – 100.

[15] Muller U K, Leeuwen J L. Undulatory fish swimming: from muscles to flow. Fish and Fisheries,2006, 7 (2):84 – 103.

[16] 童秉纲, 庄礼贤. 描述鱼类波状游动的流体力学模型及其应用. 自然杂志, 1998 (1):1 – 7.

[17] Montgomery J C, Baker C F, Carton A G. The lateral line can mediate rheotaxis in fish. Nature, 1997,30: 960 – 963.

[18] Engelmann J, Hanke W, Mogdans J, et al. Neurobiology – hydrodynamic stimuli and the fish lateral line. Nature, 2000, 408(6808):51 – 52.

[19] Pohlmann K, Grasso F W, Breithaupt T. Tracking wakes: the nocturnal predatory strategy of piscivorous catfish. Proceedings of the National Academy of Sciences, 2001, 98(13):7371 – 4.

[20] Windsor S P, Norris S E, Cameron S M, et al. The flow fields involved in hydrodynamic imaging by blind

mexican cave fish (astyanax fasciatus). Part I: open water and heading towards a wall. Journal of Experimental Biology, 2010, 213(22):3819 – 3831.

[21] Pitcher T J. The behaviour of teleost fishes. New York: Springer, 1986.

[22] Yang Y, Nguyen N, Chen N, et al. Artificial lateral line with biomimetic neuromasts to emulate fish sensing. Bioinspiration & Biomimetics, 2010, 5(1):16001.

[23] Bleckmann H. Reception of hydrodynamic stimuli in aquatic and semiaquatic animals. New York:Fischer, 1994.

[24] Triantafyllou M S, Triantafyllou G S. An efficient swimming mechine. Scientific American, 1995,272(3): 64 – 70.

[25] Wang W, Guo J, Wang Z, et al. Neural controller for swimming modes and gait transition on an ostraciiform fish robot, 2013: 1564 – 1569.

[26] Zhang J, Wang W, Xie G, et al. Camera – IMU – based underwater localization. 2014 33rd Chinese Control Conference (CCC), Nanjing, 2014: 8589 – 8594.

[27] Wang W, Xie G. An adaptive and online underwater image processing algorithm implemented on miniature biomimetic robotic fish. The 19th World Congress of the International Federation of Automatic Control, 2014:7598 – 7603.

[28] Wang W, Xie G, Shi H. Dynamic modeling of an ostraciiform robotic fish based on angle of attack theory. 2014 IEEE World Congress on Computational Intelligence (WCCI), 2014:3944 – 3949.

[29] Wang W, Zhao J, Xiong W, et al. Underwater electric current communication of robotic fish: Design and experimental results. Robotics and Automation(ICRA),2015 IEEE International Conference on 2015 May 26(pp. 1166 – 1171).

[30] Wang W, Deng H, Zhao J, et al. Electrode size affects underwater electric current communication between two fish models. The 34th Chinese Control Conference, 2015, accepted.

[31] Wang W, Zhang X, Zhao J, et al. Sensing the neighbouring robot by the artificial lateral line of a bio – inspired robotic fish. The 2015 IEEE/RSJ International Conference on Intelligent Robots and Systems (IROS), 2015: 1565 – 1570.

[32] Wang W, Li Y, Zhang X, et al. Speed evaluation of a freely swimming robotic fish with an artificial lateral line. The 2015 IEEE International Conference on Robotics and Automation (ICRA), 2016,accepted.

[33] 王龙, 喻俊志, 胡永辉, 等. 机器海豚的机构设计与运动控制. 北京大学学报(自然科学版),2006, 42(3):294 – 301.

[34] Zhao W, Hu Y, Wang L. Construction and central pattern generator – based control of a flipper – actuated turtle – like underwater robot. Advanced Robotics, 2009, 23(1 – 2):19 – 43.

[35] Hu Y, Zhao W, Xie G, et al. Development and target following of vision – based autonomous robotic fish. Robotica, 2009, 27(7):1075 – 1089.

[36] Hu Y, Zhao W, Wang L. Vision – based target tracking and collision avoidance for two autonomous robotic fish. IEEE Transactions on Industrial Electronics, 2009, 56(5):1401 – 1410.

[37] Taylor G. Analysis of the swimming of long and narrow animals. Proceedings of the Royal Society of London. Series A. Mathematical and Physical Sciences, 1952, 214(1117):158 – 183.

[38] Lighthill M. Note on the swimming of slender fish. J. Fluid Mech, 1960, 9(2):305 – 317.

[39] Wu T t. Swimming of a waving plate. Journal of Fluid Mechanics, 1961, 10(3):321 – 344.

[40] Lighthill M J. Large – amplitude elongated – body theory of fish locomotion. Proceedings of the Royal Society B: Biological Sciences, 1971, 179(1055):125 – 138.

[41] Chopra M G, Kambe T. Hydromechanics of lunate – tail swimming propulsion. II Journal of Fluid Mechanics, 1977, 79:49 – 69.

[42] Videler J J, Hess F. Fast continuous swimming of two pelagic predators, saith (piiachiusvirens)and macheral (scomber scombrus): kinematic analysis. Journal of Experimental Biology, 1984(109):209 – 228.

[43] Cheng J Y, Blickhan R. Note on the calculation of propeller efficiency using elongated body theory. Journal of Experimental Biology, 1994, 192:169 – 177.

[44] Zhu Q, Wolfgang M J, Yue D, et al. Three – dimensional flow structures and vorticity control in fishlike swimming. Journal of Fluid Mechanics, 2002, 468:1 – 28.

[45] Anderson J M, Streitlien K, Barrett D S, et al. Oscillating foils of high propulsive efficiency. Journal of Fluid Mechanics, 1998, 360:41 – 72.

[46] Read D A, Hover F S, Triantafyllou M S. Forces on oscillating foils for propulsion and maneuvering. Journal of Fluids and Structures, 2003, 17(1):163 – 183.

[47] Lauder G V, Drucker E G. Morphology and experimental hydrodynamics of fish fin control surfaces. IEEE Journal of Oceanic Engineering, 2004, 29(3):556 – 571.

[48] Liao J C. Fish exploiting vortices decrease muscle activity. Science, 2003, 302(5650):1566 – 1569.

[49] Alben S. Simulating the dynamics of flexible bodies and vortex sheets. Journal of Computational Physics, 2009, 228(7):2587 – 2603.

[50] Bergmann M, Iollo A. Modeling and simulation of fish – like swimming. Journal of Computational Physics, 2011, 230(2):329 – 348.

[51] Gazzola M, Argentina M, Mahadevan L. Gait and speed selection in slender inertial swimmers. Proceedings of the National Academy of Sciences, 2015, 112(13):3874 – 3879.

[52] Gazzola M, Argentina M, Mahadevan L. Scaling macroscopic aquatic locomotion. Naure Physics, 2014, 10 (10):758 – 761.

[53] Yu J, Wang L, Tan M. A framework for biomimetic robot fish's design and its realization. Proceedings of the 2005 American Control Conference(ACC), 2005: 1593 – 1598.

[54] Liu J, Hu H. A methodology of modelling fish – like swim patterns for robotic fish. Mechatronics and Automation, 2007. ICMA 2007. International Conference on, 2007: 1316 – 1321.

[55] Zhao W, Yu J, Fang Y, et al. Development of multi – mode biomimetic robotic fish based on central pattern generator. The 2006 IEEE/RSJ International Conference on Intelligent Robots and Systems(IROS), 2006: 3891 – 3896.

[56] Li L, Wang C, Xie G. A general cpg network and its implementation on the microcontroller. Neurocomputing, 2015, 167:299 – 305.

[57] McIsaac K A, Ostrowski J P. Motion planning for anguilliform locomotion. IEEE Transactions on Robotics and Automation, 2003, 19(4):637 – 652.

[58] Kelly S D, Mason R J, Anhalt C T, et al. Modelling and experimental investigation of carangiform locomotion for control. Proceedings of the American Control Conference (ACC), volume 2, 1998:1271 – 1276.

[59] Morgansen K A, Triplett B I, Klein D J. Geometric methods for modeling and control of freeswimming fin – actuated underwater vehicles. IEEE Transactions on Robotics, 2007, 23(6):1184 – 1199.

［60］ Barbera G, Lijuan P, Xinyan D. Attitude control for a pectoral fin actuated bio – inspired robotic fish. 2011 IEEE International Conference on Robotics and Automation (ICRA), 2011:526 – 531.

［61］ Yu J, Wang M, Su Z, et al. Dynamic modeling of a CPG – governed multijoint robotic fish. Advanced Robotics, 2013, 27(4):275 – 285.

［62］ Kopman V, Porfiri M. Design, modeling, and characterization of a miniature robotic fish for research and education in biomimetics and bioinspiration. IEEE/ASME Transactions on Mechatronics, 2013,18(2): 471 – 483.

［63］ Wang J, Tan X. Averaging tail – actuated robotic fish dynamics through force and moment scaling. IEEE Transactions on Robotics, 2015, 31(4):906 – 917.

［64］ Yu J, Tan M, Wang S, et al. Development of a biomimetic robotic fish and its control algorithm. IEEE Transactions on Systems, Man, and Cybernetics, Part B: Cybernetics, 2004, 34(4):1798 – 1810.

［65］ Deng H, Luo W, Wang W, et al. Roll angle control of a boxfish – like robot based on cascade pid control algorithm. IEEE International Conference On Control System, Computing and Engineering(ICCSCE), 2015, accepted.

［66］ Deng H, Wang W, Luo W, et al. Yaw angle control of a boxfish – like robot based on cascade pid control algorithm. International Conference on Power Electronics Systems and Applications (PESA), 2015, 12: 1 – 5.

［67］ Wang W, Deng H, Luo W, et al. Active disturbance rejection control for rolling angle tracking of a fin – actuated robotic fish. The 2016 IEEE/RSJ International Conference on Intelligent Robots and Systems (IROS), 2016, submitted.

［68］ Xu Y, Mohseni K. Bio – inspired hydrodynamic force feedforward for autonomous underwater vehicle control. IEEE/ASME Transactions on Mechatronics, 2013, PP(99):1 – 11.

［69］ Shizhe T. Underwater artificial lateral line flow sensors. Microsystem Technologies, 2014, 20 (12): 2123 – 2136.

［70］ Ristroph L, Liao J C, Zhang J. Lateral line layout correlates with the differential hydrodynamic pressure on swimming fish. Physical Review Letters, 2015: 018102 – 1 – 018102 – 5.

［71］ Klein A, Bleckmann H. Determination of object position, vortex shedding frequency and flow velocity using artificial lateral line canals. Beilstein Journal of Nanotechnology, 2011, 2:276 – 83.

［72］ Venturelli R, Akanyeti O, Visentin F, et al. Hydrodynamic pressure sensing with an artificial lateral line in steady and unsteady flows. Bioinspiration & Biomimetics, 2012, 7(3):036004.

［73］ Yang Y, Chen J, Engel J, et al. Distant touch hydrodynamic imaging with an artificial lateral line. Proceedings of the National Academy of Sciences, 2006, 103(50):18891 – 18895.

［74］ Yang Y, Klein A, Bleckmann H, et al. Artificial lateral line canal for hydrodynamic detection. Applied Physics Letters, 2011, 99(2):023701.

［75］ Abdulsadda A T, Tan X B. Localization of a moving dipole source underwater using an artificial lateral line. Bioinspiration & Biomimetics, 2012:8339(833909).

［76］ Abdulsadda A T, Tan X. Nonlinear estimation – based dipole source localization for artificial lateral line systems. Bioinspiration & Biomimetics, 2013, 8(2):026005.

［77］ Chen X, Zhu G, Yang X, et al. Model – based estimation of flow characteristics using an ionic polymer – metal composite beam. IEEE/ASME Transactions on Mechatronics, 2013, 18(3):932 – 943.

184

［78］ Akanyeti O, Chambers L D, Jezov J, et al. Self – motion effects on hydrodynamic pressure sensing：Part I. forward – backward motion. Bioinspiration & Biomimetics, 2013, 8(2)：026001.

［79］ Chambers L D, Akanyeti O, Venturelli R, et al. A fish perspective：detecting flow features while moving using an artificial lateral line in steady and unsteady flow. Journal of The Royal Society Interface, 2014, 11 (99)：20140467 – 20140467.

［80］ Du R, Li Z, Youcef – Toumi K, et al. Robot fish：bio – inspired fishlike underwater robots. Springer Berlin Heidelberg, 2015.

［81］ Aditi R, Atul T. Fish – inspired robots：design, sensing, actuation, and autonomy—a review of research. Bioinspiration & Biomimetics, 2016, 11(3)：031001.

［82］ Yu J, Wang C, Xie G. Coordination of multiple robotic fish with applications to underwater robot competition. IEEE Transactions on Industrial Electronics, 2015 (In press).

［83］ Lee Z, Xie G, Zhang D, et al. The robotic water polo and underwater robot cooperation involved in the game, 2008.

［84］ Wang C, Xie G, Wang L, et al. Cpg – based locomotion control of a robotic fish：Using linear oscillators and reducing control parameters via pso. International Journal of Innovative Computing Information and Control, 2011, 7(7B)：4237 – 4249.

［85］ Wang W, Xie G. Cpg – based locomotion controller design for a boxfish – like robot. International Journal of Advanced Robotic Systems, 2014, 11：1 – 11.

［86］ Li L, Wang C, Xie G. A general cpg network and its implementation on the microcontroller. Neurocomputing, 2015, 167：299 – 305.

［87］ Li L, Wang C, Xie G, et al. Digital implementation of cpg controller in avr system. Proceedings of the 33rd Chinese Control Conference, Nanjing, China：IEEE, 2014：8293 – 8298.

［88］ Wang C, Xie G, Yin X, et al. Cpg – based locomotion control of a quadruped amphibious robot. Advanced Intelligent Mechatronics (AIM), 2012 IEEE/ASME International Conference on, 2012：1 – 6.

［89］ Lighthill M J. Note on the swimming of slender fish. Journal of Fluid Mechanics, 1960, 9(2)：305 – 317.

［90］ Li L, Lv J, Wang C, et al. Application of taguchi method in the optimization of swimming capability for robotic fish. International Journal of Advanced Robotic Systems, 2016, 13(102)：1 – 11.

［91］ Li L, Wang C, Xie G. Modeling of a carangiform – like robotic fish for both forward and backward swimming：Based on the fixed point. Proceedings of the IEEE International Conference on Robotics and Automation, 2014：800 – 805.

［92］ Chen Z, Shatara S, Tan X. Modeling of biomimetic robotic fish propelled by an ionic polymer – metal composite caudal fin. IEEE/ASME Transactions on Mechatronics, 2010, 15(3)：448 – 459.

［93］ Wen L, Wang T, Wu G, et al. Quantitative thrust efficiency of a self – propulsive robotic fish：Experimental method and hydrodynamic investigation. IEEE/ASME Transactions on Mechatronics, 2013, 18(3)：1027 – 1038.

［94］ Webb P W. Form and function in fish swimming. Scientific American, 1984, 251(1)：72 – 82.

［95］ Breder C M. The locomotion of fishes. Zoologica, 1926, 4：159 – 256.

［96］ Gray J. Animal locomotion. Weidenfeld & Nicolson, 1968.

［97］ Gray J. Studies in animal locomotion Ⅴ：Resistance reflexes in the eel. Journal of Experimental Biology, 1936, 13(2)：181 – 191.

185

[98] Gray J. Studies in animal locomotion Ⅵ: The propulsive powers of the dolphin. Journal of Experimental Biology, 1936, 13(2):192 – 199.

[99] Gray J, Lissmann H W. Studies in animal locomotion Ⅶ: Locomotory reflexes in the earthworm. Journal of Experimental Biology, 1938, 15(4):506 – 517.

[100] Gray J. Studies in animal locomotion Ⅷ: The kinetics of locomotion of nereis diversicolor. Journal of Experimental Biology, 1939, 16(1):9 – 17.

[101] Gray J. Studies in animal locomotion Ⅳ: The neuromuscular mechanism of swimming in the eel. Journal of Experimental Biology, 1936, 13(2):170 – 180.

[102] Gray J. Studies in animal locomotion Ⅰ. the movement of fish with special reference to the eel. Journal of Experimental Biology, 1933, 10(1):88 – 104.

[103] Gray J. Studies in animal locomotion Ⅱ. the relationship between waves of muscular contraction and the propulsive mechanism of the eel. Journal of Experimental Biology, 1933, 10(4):386 – 390.

[104] Gray J. Studies in animal locomotion Ⅲ. the propulsive mechanism of the whiting (gadus merlangus). Journal of Experimental Biology, 1933, 10(4):391 – U10.

[105] Barrett D, Grosenbaugh M, Triantafyllou M. The optimal control of a flexible hull robotic undersea vehicle propelled by an oscillating foil. Proceedings of the IEEE Symposium on Autonomous Underwater Vehicle Technology, Monterey, CA, 1996:1 – 9.

[106] Li L, Wang C, Fan R, et al. Exploring the backward swimming ability of a robotic fish: combining modelling and experiments. International Journal of Advanced Robotic Systems, 2016, 13:10.

[107] Liu J, Hu H. Biological inspiration: From carangiform fish to multi – joint robotic fish. Journal of Bionic Engineering, 2010, 7(1):35 – 48.

[108] Fang Y, Yu J, Fan R, et al. Performance optimization and coordinated control of multiple biomimetic robotic fish. Robotics and Biomimetics (ROBIO). 2005 IEEE International Conference on, 2005: 206 – 211.

[109] Liu J, Dukes I, Knight R, et al. Development of fish – like swimming behaviours for an autonomous robotic fish. Proceedings of the Control, volume 4, 2004.

[110] Ijspeert A J. Central pattern generators for locomotion control in animals and robots: a review. Neural Networks, 2008, 21(4):642 – 653.

[111] Delcomyn F. Neural basis of rhythmic behavior in animals. Science, 1980, 210(4469):492 – 498.

[112] Cohen A H, Wallén P. The neuronal correlate of locomotion in fish. Experimental Brain Research,1980, 41(1):11 – 18.

[113] Grillner S, Wallen P. Central pattern generators for locomotion, with special reference to vertebrates. Annual Review of Neuroscience, 1985, 8(1):233 – 261.

[114] Traven H G C, Brodin L, Lansner A, et al. computer – simulations of nmda and non – nmda receptor mediated synaptic drive – sensory and supraspinal modulation of neurons and small networks. Journal of Neurophysiology, 1993, 70(2):695 – 709.

[115] Williams T L. Phase coupling by synaptic spread in chains of coupled neuronal oscillators. Science,1992, 258(5082):662 – 665.

[116] Ijspeert A J, Crespi A, Ryczko D, et al. From swimming to walking with a salamander robot driven by a spinal cord model. Science, 2007, 315(5817):1416 – 1420.

[117] Hu Y, Liang J, Wang T. Parameter synthesis of coupled nonlinear oscillators for cpg - based robotic loco-motion. IEEE Transactions on Industrial Electronics, 2014, 61(11):6183 - 6191.

[118] Matsuoka K. Mechanisms of frequency and pattern control in the neural rhythm generators. Biological Cybernetics, 1987, 56(5):345 - 353.

[119] Yu J, Ding R, Yang Q, et al. Amphibious pattern design of a robotic fish with wheel - propeller - fin-mechanisms. Journal of Field Robotics, 2013, 30(5):702 - 716.

[120] Blake R W. Mechanics of libriform locomotion . 1. libriform locomotion in the angelfish(pterophyllum - eimekei) - analysis of the power stroke. Journal of Experimental Biology, 1979,82(OCT):255 - 271.

[121] Mart A, Chen Z, Kruusmaa M, et al. Analytical and computational modeling of robotic fish propelled by soft actuation material - based active joints. The 2009 IEEE/RSJ International Conference on Intelligent Robots and Systems, St. Louis, USA：IEEE, 2009:2126 - 2131.

[122] Gemmell B J, Colin S P, Costello J H, et al. Suction - based propulsion as a basis for efficient animal swimming. Nature Communications, 2015, 6:8.

[123] Bartol I K, Gordon M S, Webb P, et al. Evidence of self - correcting spiral flows in swimming boxfish-es. Bioinspiration & biomimetics, 2008, 3(1):014001.

[124] Vadnere A, Kothawade V. Bionic design approach used for sustainable development of future automobile technologies. IJETT, 2016, 1(3).

[125] Gordon M S, Hove J R, Webb P W, et al. Boxfishes as unusually well - controlled autonomous underwa-ter vehicles. Physiological and Biochemical Zoology, 2000, 73(6):663 - 671.

[126] Farina S C, Summers A P. Biomechanics：boxed up and ready to go. Nature, 2015, 517(7534):274 - 5.

[127] Van Wassenbergh S, Manen K, Marcroft T A, et al. Boxfish swimming paradox resolved：forces by the flow of water around the body promote manoeuvrability. Journal of the Royal Society, Interface,2015, 12 (103).

[128] Barrett D, Grosenbaugh M, Triantafyllou M. The optimal control of a flexible hull robotic undersea vehicle propelled by an oscillating foil. Autonomous Underwater Vehicle Technology, 1996. AUV'96. , Proceed-ings of the 1996 Symposium on. IEEE, 1996：1 - 9.

[129] Root R G, Courtland H W, Shepherd W, et al. Flapping flexible fish. Experiments in Fluids, 2007,43 (5):779 - 797.

[130] 谢海斌. 基于多波动鳍推进的仿生水下机器人设计，建模与控制[D]. 长沙：国防科技大学,2006.

[131] 蒋小勤，杜德锋，周骏. 行波推进仿生机器鱼. 海军工程大学学报, 2007, 19(5):1 - 5.

[132] 杨少波，韩小云，张代兵，等. 一种新型的胸鳍摆动模式推进机器鱼设计与实现. 机器人, 2008, 30(6):508 - 515.

[133] 胡天江，沈林成，李非，等. 仿生波动长鳍运动学建模及算法研究. 控制理论与应用, 2009,26 (1):1 - 7.

[134] Ijspeert A J. Central pattern generators for locomotion control in animals and robots：a review. Neural Net-works, 2008, 21(4):642 - 653.

[135] Delcomyn F. Neural basis of rhythmic behavior in animals. Science, 1980, 210(4469):492 - 498.

[136] Grillner S. Control of locomotion in bipeds, tetrapods, and fish. Bethesda, MD：Handbook of Physiology II American Physiology Society, 1981.

[137] Endo G, Morimoto J, Matsubara T, et al. Learning CPG – based biped locomotion with a policy gradient method: Application to a humanoid robot. The International Journal of Robotics Research, 2008, 27(2): 213 – 228.

[138] Liu C, Chen Q, Wang D. Cpg – inspired workspace trajectory generation and adaptive locomotion control for quadruped robots. IEEE Transactions on Systems, Man, and Cybernetics, Part B: Cybernetics, 2011, 41(3):867 – 880.

[139] Pinto C M A. Stability of quadruped robots' trajectories subjected to discrete perturbations. Nonlinear Dynamics, 2012, 70(3):2089 – 2094.

[140] Crespi A, Ijspeert A J. Online optimization of swimming and crawling in an amphibious snake robot. IEEE Transactions on Robotics, 2008, 24(1):75 – 87.

[141] Kamimura A, Kurokawa H, Yoshida S T K, et al. Automatic locomotion design and experiments for a modular robotic system. IEEE/ASME Transactions on Mechatronics, 2005, 10(3):314 – 325.

[142] Hu Y, Zhao W, Wang L, et al. Neural – based control of modular robotic fish with multiple propulsors. 47th IEEE Conference on Decision and Control (CDC 2008), 2008: 5232 – 5237.

[143] Wang C, Xie G, Wang L, et al. CPG based locomotion control of a robotic fish: using linear oscillators and reducing control parameters via PSO. International Journal of Innovative Computing, Information and Control, 2011, 7(7B):4237 – 4249.

[144] Yu J, Ding R, Yang Q, et al. On a bio – inspired amphibious robot capable of multimodal motion. IEEE/ASME Trans. Mechatronics, 2012, 17(5):847 – 856.

[145] Gay S V J, Ijspeert A. Learning robot gait stability using neural networks as sensory feedback function for central pattern generators. IEEE/RSJ International Conference on Intelligent Robots and Systems(IROS), 2013.

[146] Seo K, Chung S J, Slotine J. CPG – based control of a turtle – like underwater vehicle. AUTONOMOUS ROBOTS, 2010, 28(3SI):247 – 269.

[147] Jeong I B, Park C S, Na K I, et al. Particle swarm optimization – based central patter generator for robotic fish locomotion. 2011 IEEE Congress on Evolutionary Computation (CEC), 2011: 152 – 157.

[148] Wu Z, Yu J, Tan M. CPG parameter search for a biomimetic robotic fish based on particle swarm optimization. IEEE International Conference on Robotics and Biomimetics, 2012: 563 – 568.

[149] Ding R, Yu J, Yang Q, et al. CPG – based behavior design and implementation for a biomimetic amphibious robot. Proceedings of IEEE International Conference, Robotics and Automation (ICRA), 2011: 209 – 214.

[150] Ekeberg R. A combined neuronal and mechanical model of fish swimming. Biological Cybernetics, 1993, 69(5 – 6):363 – 374.

[151] Hellgren J, Grillner S, Lansner A. Computer simulation of the segmental neural network generating locomotion in lamprey by using populations of network interneurons. Biol Cybern, 1992, 68(1):1 – 13.

[152] Matsuoka K. Mechanisms of frequency and pattern control in the neural rhythm generators. Mechanisms of frequency and pattern control in the Cybernetics, 1987, 56(5 – 6):345 – 53.

[153] Yu J, Su Z, Wang M, et al. Control of yaw and pitch maneuvers of a multilink dolphin robot. IEEE Transactions on Robotics, 2012, 28(2):318 – 329.

[154] Liu J, Hu H. Biological inspiration: From carangiform fish to multi – joint robotic fish. Journal of Bionic

Engineering, 2010, 7(1):35 – 48.

[155] 宫昭, 蔡月日, 毕树生, 等. 胸鳍摆动推进机器鱼滚转机动控制. 北京航空航天大学学报, 2015 (11):2184 – 2190.

[156] 马宏伟, 毕树生, 蔡月日, 等. 胸鳍摆动推进模式机器鱼深度控制. 北京航空航天大学学报, 2015 (5):885 – 890.

[157] Yu J, Su Z, Wu Z, et al. An integrative control method for bio – inspired dolphin leaping: Design and experiments. IEEE Transactions on Industrial Electronics, 2016, 63(5):3108 – 3116.

[158] 刘安全, 李亮, 罗文广, 等. 一种面向机器鱼的高精度位姿控制算法设计与实现. 机器人, 2016, 38(2):241 – 247.

[159] Fax J A, Murray R M. Information flow and cooperative control of vehicle formations. IEEE Transactions on Automatic Control, 2004, 49(9):1465 – 1476.

[160] Bennett, S. A history of control engineering, 1930 – 1955. No. 47. IET, 1993.

[161] Bennett S. A brief history of automatic control. IEEE Control Systems Magazine, 1996, 16(3):17 – 25.

[162] Li Y, Ang K H, Chong G C. Patents, software, and hardware for pid control: An overview and analysis of the current art. IEEE Control Systems, 2006, 26(1):42 – 54.

[163] O'Dwyer A. Handbook of PI and PID controller tuning rules, volume 57. World Scientific Pablishing, 2009.

[164] Rivera D E, Morari M, Skogestad S. Internal model control: Pid controller design. Industrial & engineering chemistry process design and development, 1986, 25(1):252 – 265.

[165] Åström K J, Hägglund T. Advanced PID control. ISA – The Instrumentation, Systems and Automation Society, 2006.

[166] Ge M, Chiu M S, Wang Q G. Robust pid controller design via lmi approach. Journal of process control, 2002, 12(1):3 – 13.

[167] Bennett S. Development of the pid controller. IEEE Control Systems, 1993, 13(6):58 – 62.

[168] Pomerleau A, Desbiens A, Hodouin D, et al. Development and evaluation of an auto – tuning and adaptive pid controller. Automatica, 1996, 32(1):71 – 82.

[169] Jingqing H. Nonlinear pid controller. Acta Automatica Sinica, 1994, 20(4):487 – 490.

[170] Visioli A. A new design for a pid plus feedforward controller. Journal of Process Control, 2004, 14(4):457 – 463.

[171] Kennedy J, Eberhart R, et al. Particle swarm optimization. Proceedings of IEEE International Conference on Neural Networks, 1995:1942 – 1948.

[172] Trelea I C. The particle swarm optimization algorithm: convergence analysis and parameter selection. Information processing letters, 2003, 85(6):317 – 325.

[173] Kennedy J. Particle swarm optimization. Encyclopedia of machine learning. Springer, 2011:760 – 766.

[174] Shi Y, et al. Particle swarm optimization: developments, applications and resources. evolutionary computation, 2001. Proceedings of the 2001 Congress on, volume 1. IEEE, 2001:81 – 86.

[175] Jiang M, Luo Y P, Yang S Y. Stochastic convergence analysis and parameter selection of the standard particle swarm optimization algorithm. Information Processing Letters, 2007, 102(1):8 – 16.

[176] Fourie P, Groenwold A A. The particle swarm optimization algorithm in size and shape optimization. Structural and Multidisciplinary Optimization, 2002, 23(4):259 – 267.

[177] Shi Y, Eberhart R C. Empirical study of particle swarm optimization. Evolutionary Computation, 1999. CEC 99. Proceedings of the 1999 Congress on, volume 3. IEEE, 1999.

[178] Bai Q. Analysis of particle swarm optimization algorithm. Computer and information science, 2010, 3(1):180.

[179] Jiang Y, Hu T, Huang C, et al. An improved particle swarm optimization algorithm. Applied Mathematics and Computation, 2007, 193(1):231 – 239.

[180] Wei Y, Qiqiang L. Survey on particle swarm optimization algorithm [J]. Engineering Science, 2004, 5(5):87 – 94.

[181] Kahn J C, Tangorra J L. Application of a micro – genetic algorithm for gait development on a bio – inspired robotic pectoral fin. 2013 IEEE/RSJ International Conference on Intelligent Robots and Systems (IROS), 2013: 3784 – 3789.

[182] Zhou C, Low K H. On – line optimization of biomimetic undulatory swimming by an experiment – based approach. Journal of Bionic Engineering, 2014, 11(2):213 – 225.

[183] Triantafyllou G, Triantafyllou M, Grosenbaugh M. Optimal thrust development in oscillating foils with application to fish propulsion. Journal of Fluids and Structures, 1993, 7(2):205 – 224.

[184] Medagoda L, Williams S B, Pizarro O, et al. Water column current aided localisation for significant horizontal trajectories with autonomous underwater vehicles. OCEANS' 11 MTS/IEEE KONA. IEEE, 2011: 1 – 10.

[185] DeVries L, Lagor F D, Lei H, et al. Distributed flow estimation and closed – loop control of an underwater vehicle with a multi – modal artificial lateral line. Bioinspiration & Biomimetics, 2015, 10(2):025002.

[186] Salumäe T, Kruusmaa M. Flow – relative control of an underwater robot. Proceedings of the Royal Society of London A: Mathematical, Physical and Engineering Sciences, 2013, 469(2153).

[187] Schlosser G. Development and evolution of lateral line placodes in amphibians i. development. Zoology, 2002, 105(2):119 – 146.

[188] Nakae M, Sasaki K. The lateral line system and its innervation in the boxfish ostracion immaculatus(tetraodontiformes: Ostraciidae): description and comparisons with other tetraodontiform and perciform conditions. Ichthyological Research, 2005, 52(4):343 – 353.

[189] Partridge B, Pitcher T. The sensory basis of fish schools: Relative roles of lateral line and vision. Journal of comparative physiology, 1980, 135(4):315 – 325.

[190] Kilfoyle D B, Kilfoyle D B, Baggeroer A B. The state of the art in underwater acoustic telemetry. IEEE Journal of Oceanic Engineering, 2000, 25(1):4 – 27.

[191] Akyildiz I F, Pompili D, Melodia T. Underwater acoustic sensor networks: Research challenges. Ad Hoc Networks, 2005, 3(3):257 – 279.

[192] Giles J W, Bankman I N. Underwater optical communications systems. part 2: basic design considerations. Military Communications Conference (IEEE MILCOM). IEEE, 2005: 1700 – 1705.

[193] Hanson F, Radic S. High bandwidth underwater optical communication. Applied optics, 2008, 47(2):277 – 283.

[194] 宗思光, 王江安. 空中对水下平台激光声通信技术的探讨. 电光与控制, 2009, 16(10):75 – 79.

[195] Jiang S, Georgakopoulos S. Electromagnetic wave propagation into fresh water. Journal of Electromagnetic Analysis and Applications, 2011, 3(7):261.

［196］Schill F S. Distributed communication in swarms of autonomous underwater vehicles. Technical report, The Australian National University, 2007.

［197］缪龙杰. 潜艇潜航中的无线电通讯. 航海, 1983, 1:007.

［198］Bales J W, Chrissostomidis C. High – bandwidth, low – power, short – range optical communication underwater. International Symposium on Unmanned Untethered Submersible Technology. UNIVERSITY OF NEW HAMPSHIRE – MARINE SYSTEMS, 1995: 406 – 415.

［199］隋美红, 于新生, 刘西锋, 等. 水下光学无线通信的海水信道特性研究. 海洋科学, 2009, 33(6): 80 – 85.

［200］冯文波. 蓝绿激光在水下传输中的应用. 中南民族大学学报(自然科学版), 2000 (S1):53 – 55.

［201］Kilfoyle D B, Baggeroer A B. The state of the art in underwater acoustic telemetry. IEEE Journal of oceanic engineering, 2000, 25(1):4 – 27.

［202］蔡惠智, 刘云涛, 蔡慧, 等. 水声通信及其研究进展. 物理, 2006, 35(12):1038 – 1043.

［203］Poncela J, Aguayo M, Otero P. Wireless underwater communications. Wireless Personal Communications, 2012, 64(3):547 – 560.

［204］吴志强, 李斌. 基于电流场的水下高速数字通信方法及实现. 传感技术学报, 2011, 23(11): 1590 – 1593.

［205］汪丹丹, 王永斌, 陈斌. 设计水下电流场通信系统需注意的几个问题. 舰船科学技术, 2010(2): 56 – 58.

［206］Swain W. An electric field aid to underwater navigation. 1970 IEEE International Conference on Engineering in the Ocean Environment, 1970:122 – 124.

［207］Gordon A. Detection of static magnetic and electric dipoles located near the sea bottom. IEEE Conference on Engineering in the Ocean Environment, San Diego, CA, USA, 1971:161 – 166.

［208］Schultz C. Underwater communication using return current density. Proceedings of the IEEE, 1971, 59(6):1025 – 1026.

［209］Momma H, Tsuchiya T. Underwater communication by electric current. OCEANS, 1976. 631 – 636.

［210］Tucker M J. Conduction signalling in the sea. Radio and Electronic Engineer, 1972, 42(10):453.

［211］Joe J, Toh S. Digital underwater communication using electric current method. Oceans, 2007:1 – 4.

［212］Kim C W, Lee E, Syed N A A. Channel characterization for underwater electric conduction communications systems. Oceans, 2010:1 – 6.

［213］Zhu Q, Xiong W, Wang W. The realization of underwater electric current field communication systems. ICIC express letters. Part B, Applications: an international journal of research and surveys, 2015, 6(11):2905 – 2910.

［214］Kinsey J, Eustice R, Whitcomb L. A survey of underwater vehicle navigation: Recent advances and new challenges. IFAC Conference of Manoeuvering and Control of Marine Craft, 2006.

［215］Stutters L, Honghai L, Tiltman C, et al. Navigation technologies for autonomous underwater vehicles. IEEE Transactions on Systems, Man, and Cybernetics, Part C: Applications and Reviews, 2008, 38(4):581 – 589.

［216］Tan H P, Diamant R, Seah W, et al. A survey of techniques and challenges in underwater localization. Ocean Engineering, 2011, 38(14):1663 – 1676.

［217］Dunbabin M, Usher K, Corke P. Visual motion estimation for an autonomous underwater reef monitoring robot. Field and Service Robotics. Springer, 2006: 31 – 42.

[218] Shkurti F, Rekleitis I, Dudek G. Feature tracking evaluation for pose estimation in underwater environments. Computer and Robot Vision (CRV), 2011 Canadian Conference on, 2011: 160 – 167.

[219] Corke P, Detweiler C, Dunbabin M, et al. Experiments with underwater robot localization and tracking. 2007 IEEE International Conference on Robotics and Automation, 2007: 4556 – 4561.

[220] Wen L, Wang T, Wu G, et al. Novel method for the modeling and control investigation of efficient swimming for robotic fish. IEEE Trans. Industrial Electronics, 2012, 59(8):3176 – 3188.

[221] Niu X, Xu J, Ren Q, et al. Locomotion learning for an anguilliform robotic fish using central pattern generator approach. IEEE Transactions on Industrial Electronics, 2014, 61(9):4780 – 4787.

[222] Carreras M, Ridao P, Garcia R, et al. Vision – based localization of an underwater robot in a structured environment. 2003 IEEE International Conference on Robotics and Automation (ICRA), 2003: 971 – 976.

[223] Pifu Z, Milios E E, Gu J. Underwater robot localization using artificial visual landmarks. IEEE International Conference on Robotics and Biomimetics (ROBIO), 2004: 705 – 710.

[224] Miller P A, Farrell J A, Zhao Y, et al. Autonomous underwater vehicle navigation. IEEE Journal of Oceanic Engineering, 2010, 35(3):663 – 678.

[225] Chen S Y. Kalman filter for robot vision: A survey. IEEE Transactions on Industrial Electronics, 2012, 59(11):4409 – 4420.

[226] Auger F, Hilairet M, Guerrero J M, et al. Industrial applications of the kalman filter: A review. IEEE Transactions on Industrial Electronics, 2013, 60(12):5458 – 5471.

[227] Berzuini C, Best N G, Gilks W R, et al. Dynamic conditional independence models and markov chain monte carlo methods. Journal of the American Statistical Association, 1997, 92(440):1403 – 1412.

[228] Crisan D, Doucet A. A survey of convergence results on particle filtering methods for practitioners. IEEE Transactions on Signal Processing, 2002, 50(3):736 – 746.

[229] Karlsson R, Gusfafsson F, Karlsson T. Particle filtering and Cramer – Rao lower bound for underwater navigation. Acoustics, Speech, and Signal (ICASSP2003), volume 6, 2003: VI – 65.

[230] Bachmann A, Williams S. Terrain aided underwater navigation – a deeper insight into generic monte carlo localization. Proceedings of the Australasian Conference on Robotics and Automation, 2003.

[231] Ko N, Kim T, Noh S. Monte carlo localization of underwater robot using internal and external information. 2011 IEEE Asia – Pacific Services Computing Conference, 2011: 410 – 415.

[232] Ting L, Dexin Z, Zhiping H, et al. A wavelet – based grey particle filter for self – estimating the trajectory of manoeuvring autonomous underwater vehicle. Transactions of the Institute of Measurement and Control, 2014, 36(3):321 – 335.

[233] Hu Y, Zhao W, Wang L, et al. Neural – based control of modular robotic fish with multiple propulsors. Decision and Control, 2008. CDC 2008. 47th IEEE Conference on, 2008: 5232 – 5237.

[234] Chambah M, Semani D, Renouf A, et al. Underwater color constancy: enhancement of automatic live fish recognition. Proc. SPIE, volume 5293, 2003. 157 – 168.

[235] Bazeille S, Quidu I, Jaulin L, et al. Automatic underwater image pre – processing, 2006.

[236] Iqbal K, Abdul Salam R, Osman M, et al. Underwater image enhancement using an integrated colour model. International Journal of Computer Science, 2007, 32(2):239 – 244.

[237] Prabhakar C, Kumar P. An image based technique for enhancement of underwater images. arXiv preprint arXiv:1212.0291, 2012.

[238] Mahiddine A, Seinturier J, Bo I J M, et al. Performances analysis of underwater image preprocessing techniques on the repeatability of sift and surf descriptors. 20th International Conference on Computer Graphics, Visualization and Computer Vision, 2012.

[239] Artusi A, Gatta C, Marini D, et al. Speed – up technique for a local automatic colour equalization model. Computer Graphics Forum, 2006, 25(1):5 – 14.

[240] Rizzi A, Gatta C, Marini D. A new algorithm for unsupervised global and local color correction. Pattern Recognition Letters, 2003, 24(11):1663 – 1677.

[241] Sural S, Gang Q, Pramanik S. Segmentation and histogram generation using the HSV color space for image retrieval. International Conference on Image Processing, volume 2, 2002.

[242] Premerlani W, Bizard P. Direction cosine matrix IMU: Theory. DIY DRONE: USA, 2009: 13 – 15.

[243] Thrun S, Fox D, Burgard W, et al. Robust Monte Carlo localization for mobile robots. Artificial intelligence, 2001, 128(1):99 – 141.

后　记

　　从 1994 年世界第一条仿生机器鱼 RoboTuna 研制成功到现在,水下仿生机器人的研究已经走过 24 个春秋。在鱼类游动机理、运动控制、推进器驱动材料、推进效率和机动性能方面,人类已取得了丰硕的研究成果。目前的抗力理论、细长体理论、波动板理论等多种推进理论都不同程度地对鱼类游动过程中的漩涡和湍流等因素进行了建模,为水下仿生机器人研究提供了重要理论基础。水下仿生机器人的自主控制能力和机动性能都有了较大提高,甚至机器人已经有了利用周围涡流信息进行定位和蔽障的能力。但我们也必须清楚地认识到,现在的水下仿生机器人在很多方面仍无法和自然界的真鱼相媲美,同时,目前的水下仿生机器人也很少真正地应用到海洋探索等工程领域。

　　人们至今还没有完全实现对鱼类游动过程中产生的漩涡和湍流等现象的精确建模,也没有搞清楚鱼类是如何巧妙地达到对涡流的精确控制,实现推进的高效率和高机动性,但这并没有减弱研究人员对水下仿生机器人的研制和开发。随着传感器技术的快速发展,越来越多的传感器融入到了机器人身上,以此模拟真鱼上各种器官的功能,如用摄像头模拟鱼的眼睛、用压力传感器阵列模拟鱼的侧线系统、用 IMU 模拟鱼的姿态感知的能力等。这在一定程度提高了机器人游动时的精确控制程度和对复杂环境的反应能力。多传感器的加入让机器人可以具有自主能力,对机器人在未来实现真正的科研探索有着重要的意思。

　　近年来,群体行为越来越受到人们的研究和关注,在水中的鱼群行为也同样吸引着大批的生物学家和机器人学专家。鱼类是如何通过局部的个体之间的信息交互而形成一个稳定存在的庞大群体,进而一起觅食、躲避敌害和迁徙,很多研究人员也从不同的角度提出了鱼群行为模型的假设和相应的解释。仿生机器人和仿生对象之间有着外系、推进方式和外界交互方式等多种天然的相似度。因此,它们可以成为一个验证群体行为模型假设的有力平台。多仿生机器人系统的研究也越来越受到人们的关注。

　　随着流体力学(或者现在还未发现的学科)、仿生学、材料学、电源、传感技术、智能技术和计算技术的不断提高,相信推进效率高、耗能少、噪声低、机动强的智能仿生机器鱼一定能在未来的水下推进器扮演重要角色。